北美典型页岩油气藏开发特征丛书

Austin Chalk 致密油气藏开发特征

于荣泽　张晓伟　赵素平　高金亮　等著

石油工业出版社

内容提要

本书对北美 Austin Chalk 致密油气藏截至 2020 年底完钻投产的 7000 余口致密油气井进行了系统全面分析,对致密油气水平井钻完井、分段体积压裂、开发指标和开发成本现状及发展趋势进行了详细论述。依托中国石油勘探开发研究院非常规油气数智平台(UOG),按照业务规则统一治理派生水垂比、平均段间距、加砂强度、用液强度、建井周期、百米段长压裂成本、单段压裂成本、砂液比、钻完井成本占单井钻压成本比例、压裂成本占单井钻压成本比例、单井页岩油最终可采储量占比、单井页岩气最终储量占比、百米段长产油当量、百吨砂量产油当量、单位钻压成本产油当量等标准指标阐述该致密油气藏开发特征和技术发展趋势。基于致密油气藏开发特征数据,对水平段长、测深、水垂比、平均段间距和加砂强度等关键开发技术参数进行了分析论述。

本书适合从事页岩油气和致密油气勘探开发的技术人员参考阅读,也可供高等院校相关专业师生参考使用。

图书在版编目(CIP)数据

Austin Chalk 致密油气藏开发特征 / 于荣泽等著.
北京:石油工业出版社,2025.5. --(北美典型页岩油气藏开发特征丛书). -- ISBN 978-7-5183-7566-0

Ⅰ. P618.130.8

中国国家版本馆 CIP 数据核字第 202526Y7Y0 号

出版发行:石油工业出版社
　　　　　(北京安定门外安华里 2 区 1 号楼　100011)
　　网　　址:www.petropub.com
　　编辑部:(010)64523829　　图书营销中心:(010)64523633
经　　销:全国新华书店
印　　刷:北京中石油彩色印刷有限责任公司

2025 年 5 月第 1 版　2025 年 5 月第 1 次印刷
787×1092 毫米　开本:1/16　印张:8
字数:175 千字

定价:60.00 元
(如出现印装质量问题,我社图书营销中心负责调换)
版权所有,翻印必究

《Austin Chalk 致密油气藏开发特征》编写组

组　　长：于荣泽

副组长：张晓伟　赵素平　高金亮

成　员：胡志明　董大忠　孙钦平　郭　为　端祥刚

　　　　王玫珠　刘翰林　康莉霞　刘钰洋　卞亚南

　　　　吴　桐　邵艳伟　宋梦馨　俞霁晨　胡云鹏

　　　　金亦秋　吕　洲　程　峰　杨　阳　刘兆龙

序

油气工业勘探开发领域正快速从占油气资源总量 20% 的常规油气向占油气资源总量 80% 的非常规油气延伸。非常规油气用传统技术无法获得工业产量，需要有效改善储层渗透率或流体黏度等新兴技术才能经济有效规模开采。继油砂、油页岩、致密气和煤层气等非常规油气资源规模有效开发后，借助水平井钻完井、体积压裂、工厂化作业等核心技术突破，页岩油气实现了规模有效开发并在全球范围内掀起了一场"黑色页岩革命"。页岩油气的规模有效开发具有三大战略意义：一是大幅延长了世界石油工业生命周期、突破了传统资源禁区；二是引发了油气工业科技革命，促进整个石油工业理论技术升级换代；三是推动了全球油气储量和产量跨越式增长，改变了全球能源战略格局。

我国非常规油气也取得了战略性突破，目前以四川盆地为重点，实现了海相页岩气规模有效开发。国内页岩气规模开发经历了合作借鉴、自主探索和工业化开发三大阶段。通过引进、吸收和自主创新，实现了海相页岩气直井、水平井、"工厂化"平台井组和"工厂化"作业跨越发展。以四川盆地埋深 3500 m 以浅海相页岩为重点，2020 年全国累计探明页岩气储量超 2.0×10^{12} m³，实现页岩气产量 200×10^8 m³，其中中国石油在川西南长宁、威远和昭通等区块实现页岩气产量 116×10^8 m³，中国石化在川东涪陵、川南威荣等区块实现页岩气产量 84×10^8 m³。我国已成为除美国、加拿大之外最大的页岩气生产国，页岩气也成为未来中国天然气增储上产的重要组成部分。

北美页岩油气资源丰富，开采条件优厚，在页岩油气理论、关键工程技术、作业管理模式等方面持续创新发展。美国能源信息署（EIA）数据显示，2020 年美国页岩气产量为 7330×10^8 m³，占其天然气总产量约 80%，致密油/页岩油产量 3.5×10^8 t，占其原油总产量比例超 50%。北美页岩油气产量快速增长的同时也积累了海量油气井数据，可为我国页岩油气开发和学习曲线的建立提供参考借鉴。因此，系统剖析北美典型页岩油气开发特征必将有助于我国页岩油气勘探开发快速发展，促进页岩油气勘探开发理论技术进步，实现页岩油气产量快速增长。

《北美典型页岩油气藏开发特征丛书》共六册，分别为《Marcellus 页岩气藏开发特征》《Haynesville 深层页岩气藏开发特征》《Eagle Ford 深层页岩油气藏开发特征》《Barnett 页岩气藏开发特征》《Utica 深层页岩油气藏开发特征》和《Austin Chalk 致密油气藏开发特征》。丛书对近 70 000 口页岩油气井开发数据进行全面分析，信息涵盖水平井钻完井、分段压裂、生产动态、开发指标、开发成本及开发技术政策等。丛书作者由中国石油勘探开发研究院一直从事页岩油气开发的专业技术人员组成，丛书覆盖北美地区已开发典型页岩油气藏开发特征，类型包括浅层常压、中深层常压、中深层超压、深层超压和超深层页岩油气藏；数据分析系统全面，涉及钻完井、分段压裂、生产动态及开发成本全业务流程；依托海量数据派生系列关键指标体系，多维度总结开发特征及发展趋势。

《北美典型页岩油气藏开发特征丛书》信息全面、资料详实、内容丰富，涵盖页岩油气开发工程全业务流程。我国页岩油气勘探开发进入了新阶段，重点转向海相深层和非海相页岩油气资源，相信《北美典型页岩油气藏开发特征丛书》的出版可为我国页岩油气资源的规模高效开发起到积极的推动作用。

中国科学院院士

丛书前言

页岩一般指层状纹理较为发育的泥岩，主要类型有硅质泥岩、灰质白云质泥岩、生屑质泥岩等。按照沉积学的理论，页岩主要发育在水体较深，且比较安静的还原环境，如深水陆棚、大型湖盆中央等，往往富含有机质。通常都具页状或薄片状层理，其中混有石英、长石的碎屑以及其他化学物质。根据其混入物成分可分为钙质页岩、铁质页岩、硅质页岩、碳质页岩、黑色页岩、油母页岩等。其中铁质页岩可能成为铁矿石，油母页岩可以提炼石油，黑色页岩可以作为石油的指示地层。页岩形成于静水的环境中，泥沙经过长时间的沉积，所以经常存在于湖泊、河流三角洲地带，在海洋大陆架中也有页岩形成，页岩中也经常含有古代动植物的化石。

页岩油气是指富集在富有机质黑色页岩地层中的石油天然气，油气基本未经历运移过程，不受圈闭的控制，主体上为自生自储、大面积连续分布。页岩油气藏属于典型低孔极低渗油气藏，基本无自然产能，通常需要大规模储层压裂改造才能获得工业油气流。页岩油气藏基本特征包括：（1）页岩本身既是烃源岩又是储层，即自生自储型油气藏；（2）储层大面积连续分布，资源潜力大；（3）页岩储层具备低孔隙度和极低渗透率特征；（4）裂缝发育程度是页岩油气运移聚集经济开采的主要控制因素之一；（5）气井几乎无自然产能，通常需要大规模水力压裂措施才能获得工业油气流；（6）开发投资大、开采周期长，投资回收期长。

美国率先实现了页岩油气规模开发，在页岩气勘探开发理论认识、关键工程技术装备、管理模式等方面不断创新发展，在全球范围内掀起了一场"页岩油气革命"，带动了产业飞速发展。美国页岩油气也成为全球油气产量增长的主要领域，推动美国实现了能源独立。页岩油气革命突破了传统油气勘探理念，其内涵包括科技革命、管理革命、战略革命。科技革命以"连续型"油气聚集理论、水平井"平台化"开采技术为标志，将资源视野由单一资源类型扩展到烃源岩系统。管理革命实现将按圈闭部署开发扩展到按资源量体裁衣，低成本高效运行。战略革命将区域性能源影响扩展到全球性能源战略，助推美国实现能源独立。页岩油气革命的发展影响全球战略，重塑国际能源新版图。

美国最早实现了页岩油气资源的规模勘探开发，其境内发育多个页岩层系、分布范围广、页岩油气资源丰富。目前已经对本土48个州境内40多套页岩层系开展了勘探开发工作，已经规模开发的页岩油气藏包括Antrim、Bakken、Barnett、Eagle Ford、Fayetteville、Haynesville、Marcellus、Utica、Woodford等。已开发页岩油气藏从垂深上涵盖浅层、中深层和深层，从地层压力特征涵盖常压和超压页岩油气藏。页岩油气产量快速增长的同时也积累了海量页岩油气井开发数据，可为同类型页岩油气藏开发提供价值信息及学习曲线。《北美典型页岩油气藏开发特征丛书》共包含六册，分别为《Marcellus页岩气藏开发特征》《Haynesville深层页岩气藏开发特征》《Eagle Ford页岩油气藏开发特征》《Barnett页岩气藏开发特征》《Utica深层页岩油气藏开发特征》《Austin Chalk致密油气藏开发特征》。其中Marcellus为巨型常压页岩气藏，垂深覆盖浅层和中深层。Haynesville为典型深层超压页岩气藏，垂深覆盖中深层、深层和超深层。Eagle Ford为深层超压页岩油气藏，垂深覆盖中深层和深层。Barnett为常压页岩气藏，垂深覆盖浅层和中深层。Utica为超压页岩油气藏，垂深覆盖中深层和深层。Austin Chalk为深层超压致密油气藏，垂深覆盖中深层和深层。

丛书内容主要包括气藏概况、气藏特征、水平井钻完井、水平井分段压裂、开发指标、开发成本、开发技术政策和展望，基本涵盖了浅层常压、中深层常压、中深层超压和深层超压页岩油气藏的工程参数及开发指标，可为科研院所、油气公司等从事页岩油气研究的科研人员提供参考借鉴。丛书由中国石油勘探开发研究院一直从事页岩油气开发的专业技术人员编写。

本书在页岩油气藏概况及特征内容中引用了大量北美页岩油气勘探开发研究成果。丛书编写过程中难免有不足之处，敬请读者批评指正。

前 言

随着全球对清洁能源需求的持续扩大,天然气需求快速增长。油气勘探开发领域从占油气资源总量 20% 的常规油气向占油气资源总量 80% 的非常规油气延伸。非常规油气资源主要包括油页岩、油砂矿、煤层气、页岩气、致密气、水合物等。近年来,继油砂、致密气和煤层气之后,美国、中国、加拿大及阿根廷等国家也陆续实现了页岩气的商业开发。水平井钻完井和分段压裂技术的进步及规模应用,使得美国率先在多个盆地实现了页岩气商业性开采,在能源领域掀起了一场全球范围内的"页岩革命"。"页岩革命"延长了世界石油工业生命周期、助推了全球油气储量和产量增长、影响着各国能源战略格局。中国页岩气资源丰富,可采资源量高达 12.85×10^{12} m^3,具有广阔的勘探开发前景。目前在四川盆地及周缘上奥陶统五峰组—下志留统龙马溪组海相页岩成功实现页岩气商业开发,2020 年页岩气产量达到 200×10^8 m^3。

Austin Chalk 地层横跨得克萨斯州中南部,延伸至路易斯安那州南部。Austin Chalk 地层岩石为一种生物泥晶灰岩,主要由颗石藻类组成,是具备双重孔隙度的低孔低渗碳酸盐岩油气储层。Austin 致密油气藏是美国较早实现规模开发的致密油气藏,目前完钻井垂深范围 378~4910 m,涵盖浅层、中深层和深层。2000 年,Austin Chalk 致密油气藏的致密油年产量超过 300×10^4 t,是当时美国最大的致密油产区。2000—2016 年,受多重因素影响致密油产量呈逐年下降趋势。2015 年开始,致密油产量逐年上升。2018 年,该致密油气藏致密油产量超过 500×10^4 t。2023 年,Austin Chalk 致密油气藏致密油产量为 640×10^4 t,是美国第六大致密油产区。

Austin Chalk 致密油气藏与北美其他典型页岩油气藏开发历程类似,最初采用直井方式进行开采,但随着技术发展,水平钻井技术被应用到 Austin Chalk 致密油气藏的开采中,并且通过使用多段压裂技术,油气产量大幅增加。近年来的高密度完井技术,包括混合滑水压裂、叠置和交错协同开发策略等使开发效果得到不断提升。Austin Chalk 致密油气产区作业商包括 Magnolia Oil & Gas、Chesapeake Energy、Devon Energy 等。

本书在油气藏概况及特征内容中引用了大量北美页岩油气和致密油气的勘探开发研究成果,在此一并感谢。丛书编写过程中难免有不足之处,敬请读者批评指正。

目 录

第 1 章　Austin Chalk 致密油气藏概况 ··· 1

第 2 章　Austin Chalk 致密油气藏特征 ··· 3

2.1　盆地概况 ··· 3

2.2　地质特征 ··· 4

2.3　储层特征 ··· 6

2.4　烃源岩和热成熟度 ·· 8

2.5　开发潜力 ··· 14

2.6　小结 ··· 24

第 3 章　水平井钻完井 ··· 26

3.1　钻井垂深 ··· 26

3.2　水平段长 ··· 28

3.3　钻井测深 ··· 30

3.4　水垂比 ·· 32

3.5　钻井周期 ··· 34

3.6　小结 ··· 37

第 4 章　水平井分段压裂 ·· 38

4.1　压裂段数 ··· 40

4.2　压裂液量 ··· 41

4.3　支撑剂量 ··· 42

4.4　平均段间距 ··· 43

4.5　用液强度 ··· 45

4.6　加砂强度 ··· 46

4.7　砂液比 ·· 47

4.8　小结 ··· 48

第5章 开发指标 49

5.1 首年平均日产油当量 49
5.2 单井典型生产规律 53
5.3 单井最终可采储量 57
5.4 百米段长可采储量 61
5.5 百吨砂量可采储量 64
5.6 建井周期 66
5.7 小结 69

第6章 开发成本 70

6.1 开发成本构成 70
6.2 降低成本措施 72
6.3 影响因素分析 73
6.4 单井钻压成本 74
6.5 钻井成本 76
6.6 固井成本 78
6.7 压裂成本 81
6.8 单位油当量钻压成本 92
6.9 小结 93

第7章 开发技术政策 95

7.1 垂深 96
7.2 水平段长 98
7.3 水垂比 100
7.4 用液强度 103
7.5 加砂强度 105
7.6 小结 108

第8章 展望 109

参考文献 111

第1章 Austin Chalk 致密油气藏概况

Austin Chalk 为墨西哥湾海岸一套上白垩纪地层，该地层命名来自得克萨斯州 Austin 附近的典型露头剖面，地层岩石由白垩岩和泥灰岩组成。上白垩纪 Austin Chalk 发育低渗透裂缝性油气藏，其源岩为上白垩统 Eagle Ford 页岩。Eagle Ford 页岩在早中新世时期开始生成油气，油气通过纵向裂缝运移至 Austin Chalk 致密储层。过去几年中，Austin Chalk 致密油气藏勘探开发受到广泛关注。Austin Chalk 地层呈月牙形分布，由得克萨斯州南部 Maverick 县和 Zavala 县，经 Burleson 县、Brazos 县和 Grimes 县，到得克萨斯州东部 Tyler 县、Jasper 县和 Newton 县，然后向东延伸至路易斯安那州中部（图1-1）。

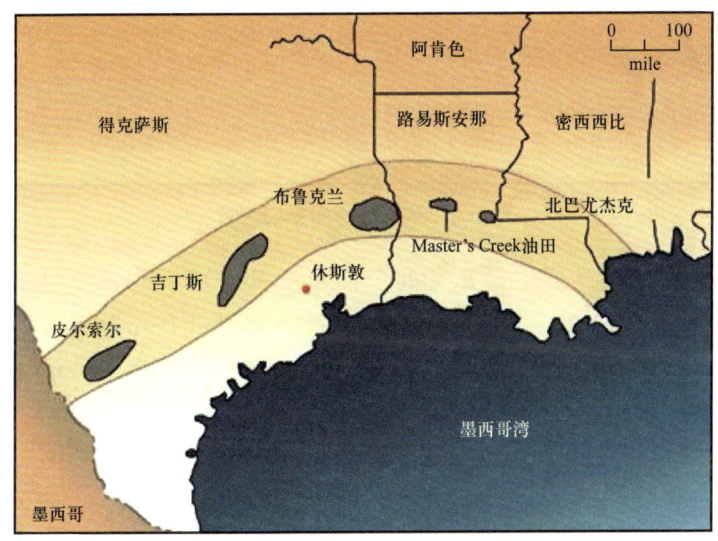

图1-1 墨西哥湾 Austin Chalk 地层分布

Western Gulf 盆地 Austin Chalk 地层在白垩纪晚期沉积在稳定、缓倾的浅水陆架上，地层埋深超过 2000 m，地层厚度 30～200 m。在得克萨斯州南部的 Rio Grande 海湾，Austin Chalk 地层厚度超过 300 m，地层埋深在路易斯安那州接近 4500 m（图1-2）。Austin Chalk 致密油气藏油气开发历史可追溯至20世纪20年代，截至目前已累计生产致密油超过 7500×10^4 t，其主要产区包括 Chittim、Pearsall、Luling-Branyon、Buchanan、Giddings、Brookeland、Mastercreek、Smackover、Gwinville 和 Heidelberg。吉丁斯是 Austin Chalk 的最大产区。油气藏开发初期，油气开发公司的目标是裂缝发育区，油气井表现为初期高产和高速递减特征。后续开发公司将开发目标调整至存储在储层基质中的油气开资源开发。20世纪70年代后期，开发公司普遍利用直井进行油气开采。20世纪90年代初期，水平井钻完井技术得以突破。自 2013 年开始，该地区开发公司普遍采用现代非常规油气开发技术（水平井钻完井和分段压裂）成功恢复了该油气藏的开发潜力。

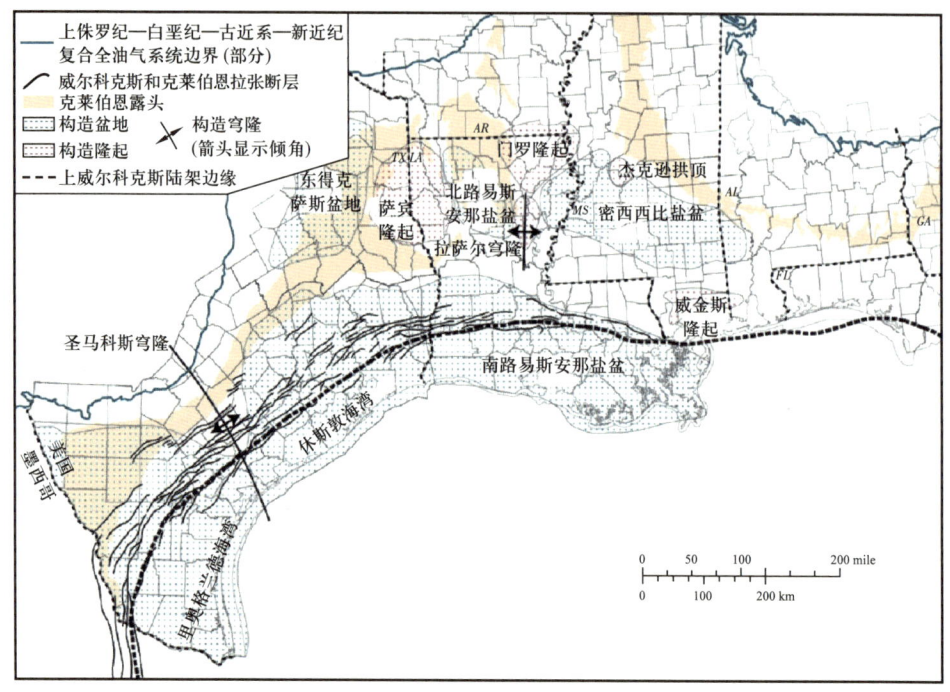

图 1-2 墨西哥湾海岸构造图

Austin Chalk 致密油气藏主要开发商包括 Magnolia Oil and Gas、Chesapeake Energy、Devon Energy、Marathon Oil、Zarvona Energy、Occidental Petroleum、EOG Resources、Chevron 和 RKI Energy Resources 等。Eagle Ford 地层被认为是 Austin Chalk 主要烃源岩，其余油气资源则来自 Austin Chalk 本身碳质层。根据美国地质调查局的研究，Austin Pearsall-Giddings 地区原油可采资源量 1.23×10^8 t、天然气可采储量 368×10^8 m³、凝析油可采储量 0.15×10^8 t。

Austin Chalk 整体为一个混合型油气产区，发育常规裂缝性碳酸盐岩储层和非常规碳酸盐岩储层。该油气藏开发一定程度上依然面临开发效果稳定性欠佳和油气产量高速递减的问题，油气开发公司在该地区不断探索最优开发技术实现该油气藏稳定的开采。另一方面，Austin Chalk 致密油气藏靠近墨西哥湾，具备完备的油气中游基础设施，有助于降低整体开发成本。Austin Chalk 产出的石油能够按照路易斯安那州轻质原油产品价格进行销售。成本和价格优势使得 Austin Chalk 致密油气藏开发的盈亏平衡点与美国优质非常规原油相当，盈亏平衡点低于 40 美元 /bbl。

第 2 章　Austin Chalk 致密油气藏特征

　　Austin Chalk 地层横跨得克萨斯州中南部，延伸至路易斯安那州南部。Austin Chalk 地层岩石为一种生物泥晶灰岩，主要由颗石藻类组成，是具备双重孔隙度的低孔低渗碳酸盐岩油气储层。Austin Chalk 致密油气藏是美国较早实现规模开发的致密油气藏，目前是美国第六大致密油产区。本章重点从盆地概况、地质特征、储层特征、烃源岩和热成熟度、开发潜力等方面叙述 Austin Chalk 致密油气藏特征。

2.1　盆地概况

　　Western Gulf 盆地（又称 Gulf Coast 盆地）为横跨路易斯安那州南部下白垩纪大陆架外缘和得克萨斯州 Ouachita 褶皱带东南部地区的前陆盆地，其西南部延伸至得克萨斯州与墨西哥边境处（图 2-1）。盆地总面积约 3.02×10^4 km²，是目前美国境内油气勘探程度最高的沉积盆地之一。截至 2020 年底，Western Gulf 盆地探明天然气储量高达 7532×10^8 m³。

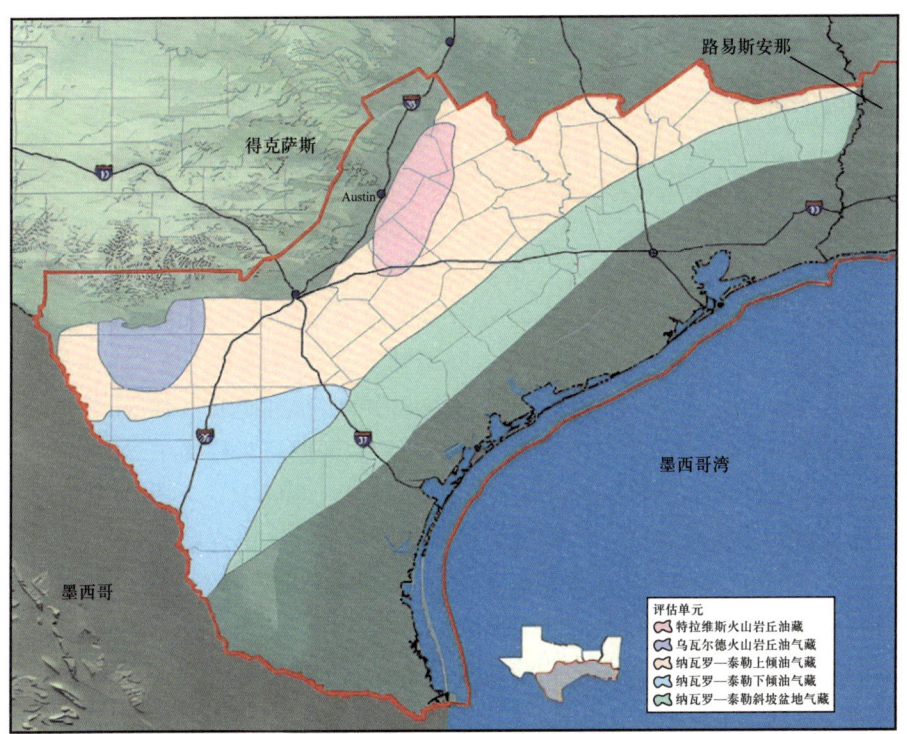

图 2-1　Western Gulf 盆地地理位置图（USGS，2003）

Western Gulf 盆地油气开发始于 Austin Chalk 致密油气藏。在 Eagle Ford 页岩油气藏勘探发现之前，Austin Chalk 致密油气藏是该地区主要油气开发目标，而 Eagle Ford 地层则被视为相应的烃源岩。自 2008 年 Petrohawk 能源公司勘探发现 Eagle Ford 页岩油气藏后，页岩油气资源成为该盆地另一主要开发目标。Petrohawk 能源公司是该盆地页岩油气资源开发的先驱者，后续各大油气作业商纷纷涌入该地区进行页岩油气资源开发。页岩油气资源商业化开发也为该盆地带来了油气储量和产量前所未有的增长。

Western Gulf 盆地地质背景可追溯至广义墨西哥湾盆地形成时期。大陆板块分离初期，逐渐减薄的陆壳上形成了五个裂谷盆地并成为墨西哥湾盆地的内陆段。这些形成的裂谷盆地共同构成了现今的 Western Gulf 盆地，包括 Rio Grande 海湾、东得克萨斯盆地、北路易斯安那盆地、密西西比内陆盆地和 Apalachicola 海湾。分隔裂谷盆地的构造包括 Sanmarcos 穹隆、Sabine 穹隆、Monroe 穹隆和 Wiggins 穹隆的东北延伸部分。整个 Western Gulf 盆地中，中侏罗纪到晚白垩纪时期沉降形成了大陆架，新生代沉积物的大量涌入导致中生代陆架边缘向海方向沉积中心堆积了厚厚的沉积物。沉积中心由得克萨斯州南部向路易斯安那州南部的转移在路易斯安那州新近纪地层形成优质油气藏。Western Gulf 盆地内油气藏可划分为常规油气藏和非常规油气藏两大类。常规油气成藏具备明确的构造和地层圈闭，烃类由烃源岩运移至圈闭，油气初期产量随有机质成熟度增加而下降，具备统一的压力系统，储层具备高孔隙度和高渗透率特征。非常规油气藏缺乏传统盖层和圈闭，油气自生自储且生产井几乎无自然产能，缺乏统一的油水界面，储层性质为低孔极低渗。

2.2 地质特征

上白垩纪 Austin Chalk 地层横跨得克萨斯州中南部，延伸至路易斯安那州南部。Austin Chalk 地层岩石为一种生物泥晶灰岩，主要由颗石藻类组成，具备低孔隙度和低渗透率特征。上白垩纪（科尼亚克至坎帕尼亚阶）Austin Chalk 地层在整个研究区域内有多个名字，如 Austin Chalk 地层或 Austin Chalk 组等。Austin Chalk 地层沉积于全球高位海平面（图 2-1）。在现今得克萨斯州，碳酸盐岩沉积为浅海环境，古水深度为 10~100 m，表明沉积低于内陆架到中陆架和更深的水中的正常浪基面（Dravis，1979）。古水深度沿白垩纪大陆架边缘的盆地向南部和东部加深。开放海相环境中，主要痕迹化石包括 Planolites、Thallassinoides、Chondrites（Dawson et al.，1990）。

碳酸盐岩陆架上沉积仅显示出连续的水平方向相变化，得克萨斯州几乎没有凸显出主要的岩相（Scholle，1977）。在东得克萨斯盆地、路易斯安那州北部、阿肯德州南部和亚拉巴马州南部地区、密西西比湾北部地区的主要岩相为砂岩。得克萨斯州东部、路易斯安那州和亚拉巴马州西部砂岩岩相相当于 Tokio 组和 Eutaw 组（Salvador et al.，1991）。Austin Chalk 地层厚度为 45~245 m，主要划分为三个单元，包括下 Austin Chalk 地层、中 Austin Chalk 地层和上 Austin Chalk 地层（图 2-2）。上 Austin Chalk 和下 Austin Chalk

地层具备黏土含量低和高脆性指数特征，是水力压裂措施能够形成更为复杂的裂缝系统，也是目前该致密油气藏的主要目的储层（Hovorka et al., 1994）。下 Austin Chalk 地层岩石由多种岩相组成，包括交替的白垩岩和泥灰岩，白垩岩层段厚度大于中间的泥灰岩（Hovorka et al., 1994）。岩相交替的主要成因为海侵，岩石中还存在白垩岩，其中含有薄、深色和局部层状的泥灰岩，其总有机碳（TOC）含量高达3.5%，以及浸染状黄铁矿，表明存在缺氧沉积条件。中间泥灰岩包含一个交替循环缝洞白垩岩和浅色泥灰岩带。该单元地层岩石黏土含量较高，多数层可归类为"白垩—泥灰岩"或"泥灰岩"，而并非"白垩岩"，同时也存在作为火山灰蚀变产物形成的自生黏土，该单元最初被解释为海退。

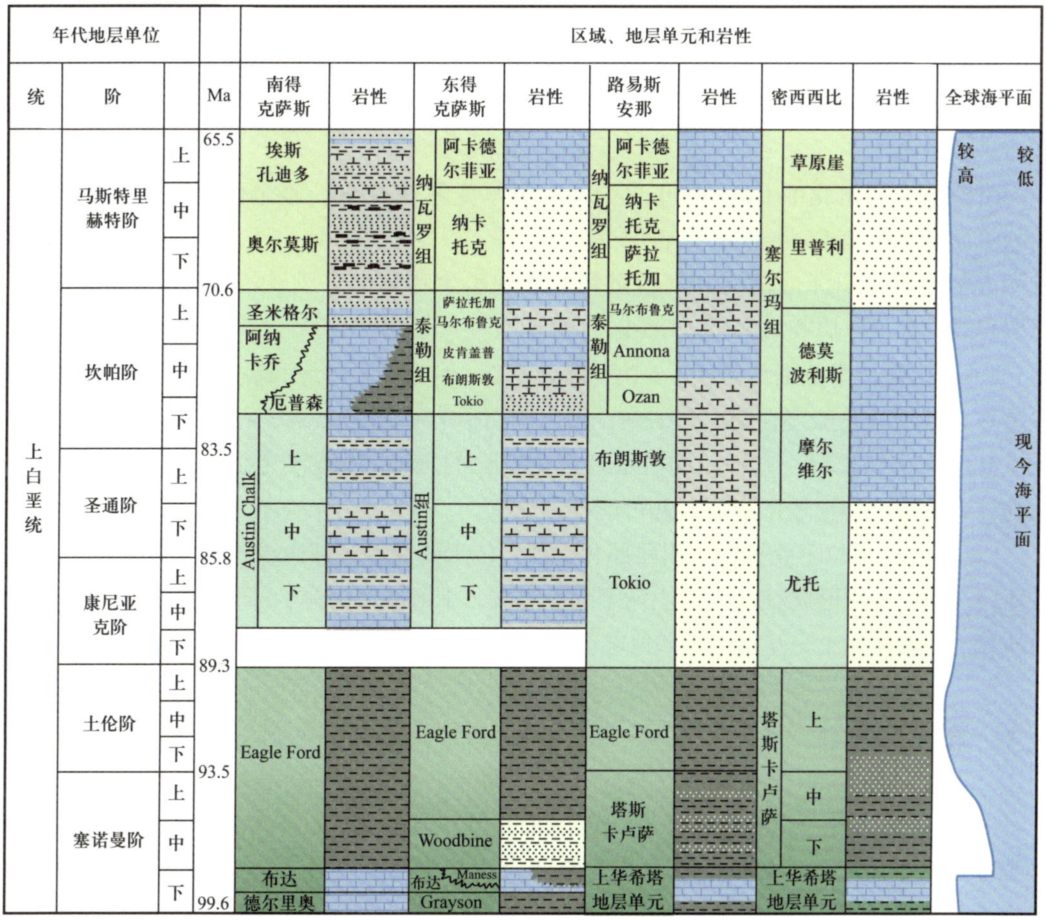

年代地层单位			区域、地层单元和岩性								
统	阶		Ma	南得克萨斯	岩性	东得克萨斯	岩性	路易斯安那	岩性	密西西比	岩性	全球海平面
上白垩统	马斯特里赫特阶	上中下	65.5 70.6	埃斯孔迪多 奥尔莫斯		阿卡德尔菲亚 纳卡托克	纳瓦罗组	阿卡德尔菲亚 纳卡托克 萨拉托加	纳瓦罗组	草原崖 里普利	塞尔玛组	较高 较低
	坎帕阶	上中下	83.5	圣米格尔 阿纳卡乔 厄普森		萨拉托加 马尔布鲁克 皮青盖普 布朗斯敦 Tokio	泰勒组	马尔布鲁克 泰勒组 Annona Ozan 布朗斯敦		德莫波利斯 摩尔维尔		
	圣通阶	上 下	85.8	上 中	Austin Chalk	上 中	Austin 组					现今海平面
	康尼亚克阶	上中下	89.3	下		下		Tokio		尤托		
	土伦阶	上中下	93.5	Eagle Ford		Eagle Ford		Eagle Ford		塔斯卡卢萨	上 中 下	
	塞诺曼阶	上中下	99.6	布达 德尔里奥		布达 Maness Grayson Woodbine		上华希塔地层单元		上华希塔地层单元		

图 2-2　上白垩纪地层柱状图（据 Vail et al., 1977；Wooten 和 Dunaway, 1977；Dawson et al., 1990；Wescott et al., 1994；Mancini et al., 2006）

储层岩石：Austin Chalk、Tokio 和 Eutaw 地层。烃源岩：Eagle Ford 页岩和 Smackover 组（未显示）。盖层：Anacacho、Upson、Brownstown、Mooreville 组和 Taylor 组。全球海平面显示了塞诺曼期海平面的显著上升

在上部白垩岩中，白垩和泥灰岩旋回性规律性不强。一个特征为向上筛选出的块石数量显著增加。整个地层被解释为高位矿床，向海岸线盆地方向水深下降，海平面下降。

多样动物群表明了正常的海洋条件。Austin Chalk 的顶面局部为硬地层，通常被解释为沉积物副产品。正常海洋条件下，向上倾斜的 Austin Chalk 地层沉积在风暴浪基面上方的浅水环境（Dawson et al.，1995）。这些浅色、贫有机质白垩岩与白垩纪其他海陆架或陆上白垩岩相似，很可能沉积在浅水环境中。从区域上看，这些矿床被描述为前积高位矿床，由于这些白垩沉积在浅海中，它们受到了严重的生物扰动。由于更深的水沉积环境以及黏土和黄铁矿含量增加，下倾 Austin 地层岩石颜色更深，几乎无生物扰动。常见的是微柱状岩和黏土层。角砾层是明显的，并被解释为指示向下输送的浅水沉积物（Dawson et al.，1995）。

Clark（1995）描述了 Tokio 组的沉积环境、成岩作用和孔隙度。该单元包括亚钠质至锂质砂岩，含来源于亚拉巴马州和路易斯安那州火山活动的锂质。该单元包括砂岩和页岩序列，以及易碎的分选良好的砂岩、泥岩、砾岩砂岩和薄不连续煤岩。尽管 Tokio 组分为四个带（RA、S3、S2 和 S1），但 30 m 厚的基底 RA 带（主要是砂岩）形成了地层中最好的储层单元。

路易斯安那州北部 Haynesville 的 Tokio 组厚度超过 60 m。整个研究区域沉积环境包括分流河道（覆盖 Eagle Ford 页岩）、前三角洲、海侵海洋环境、浅海坝、海岸面到屏障或海滩复合体及沼泽或潮滩和河道沉积，表现出生物扰动、风暴沉积、软沉积物变形、撕裂碎屑、火山碎屑和海绿石（Clark，1995）。

Tokio 组渗透率范围从低于 1 mD 到超过 3 D，但绿泥石边缘和黏土胶结物降低了地层渗透率。储层总孔隙度在 20%～32%，火山碎屑砂岩平均为 26%，石英砂岩平均为 30%。次生孔隙是由斜长石、方解石的溶解及石英颗粒的点蚀或蚀刻产生的。早期埋藏成岩胶结物导致孔隙度和渗透率降低，并可能抑制压实。

Eutaw 组地层位于亚拉巴马州西部和中部，位于研究区东部边缘，厚度为 105～122 m，在海侵过程中沉积形成。Eutaw 组由两个部分组成，下部地层未命名部分包含云母、海绿石、粉质黏土和碳质黏土交互层，上部地层包含块状海绿石、云母、粉质砂岩（Liu，2005）。

2.3 储层特征

Austin Chalk 是一个具有双重孔隙度的低孔低渗碳酸盐岩油气储层，发育 5～7 μm 微孔隙和一定程度相互连通的裂缝系统。储层岩石基质孔隙度为 3%～10%，通常随深度增加呈减小趋势。储层渗透率随深度增加呈减小趋势，主要为 0.5 mD 左右，局部为 0.1 mD。储层低孔低渗特征使得油气开采很大程度上依赖于裂缝孔隙度和渗透率。储层含水饱和度为 45%～80%，残余油饱和度为 10%～50%（Dawson et al.，1995；Dravis，1979）。

Austin 构造断裂可将局部储层渗透率提升至 2 D 以上，裂缝密度和连通性横向变化较大，主要取决于断裂距离、矿物学特征（如黏土含量）、地层厚度、裂缝胶结特征等。岩心观察中显示每英尺微裂缝数量超过 20 条（Snyder et al.，1977）。地层广泛发育垂向裂缝，裂缝开度范围 0.1～4 mm（Dawson et al.，1995），微裂缝系统为油气资源提供了良好的运移路径。地层中通常发育多组交叉裂缝，包括早期方解石完全胶结、未胶结和裂纹。Austin Chalk 地层多数裂缝是由于墨西哥湾沿岸盆地下倾形成，同时伴随着断层和局部隆起（图 2-3），这些断层和隆起通常平行于岩石单元区域走向。受断层控制区，裂缝集中发育在下倾断块和地堑内。地层裂缝网络系统沿走向而并非倾向上连通，导致致密油气开采过程中上倾和下倾端部出现可变气油比特征。

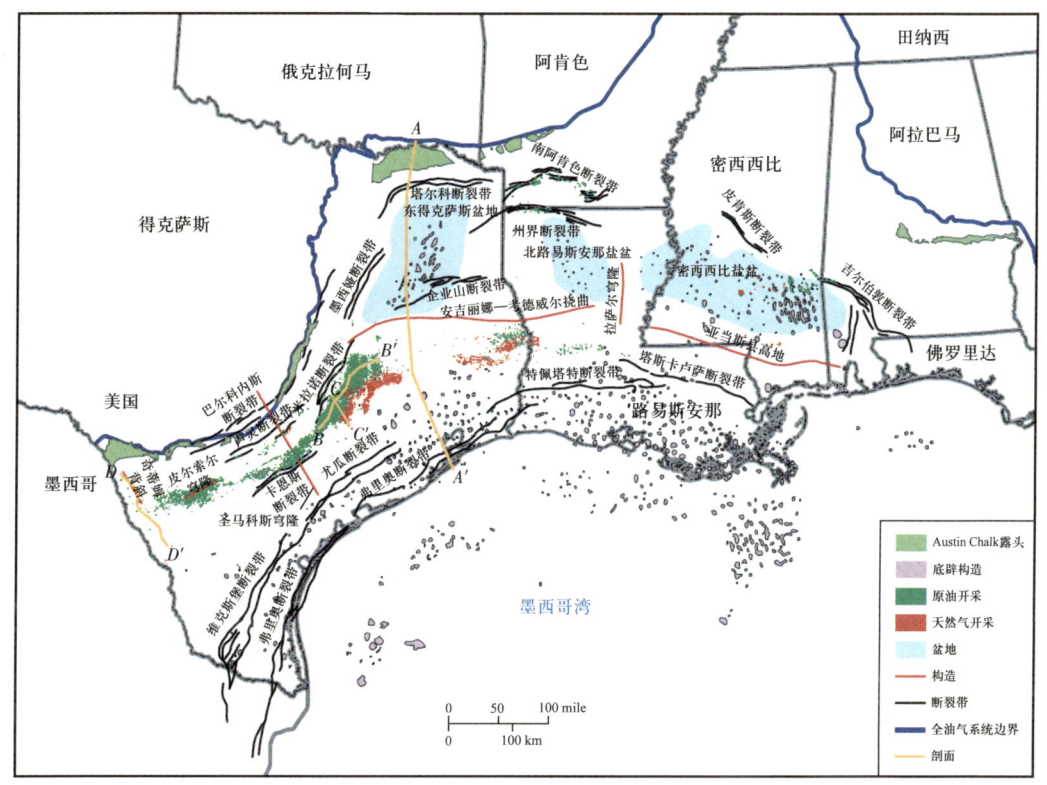

图 2-3　Austin Chalk 致密油气藏地质图（据 Martin，1980；Ewing et al.，1991；Schruben et al.，1998；King et al.，1974）

泥灰岩或黏土含量增加等岩性变化直接影响裂缝密度和连通性，裂缝终止于相邻泥灰岩或页岩层（Haymond，1991）。因此，白垩岩和泥灰岩薄互层内裂缝连通性较差。此外，垂直、水平裂缝因间距较大很少存在交叉，这也直接影响了平面储层划分。成岩作用对白垩系储层性质有很大影响。Austin Chalk 经历了大规模物理压实，使原始孔隙度降低了 60%～80%（Grabowski，1981）。缝合岩面、微缝合岩和黏土和有机碳等不溶性物质单元中也发生压溶作用（Grabowski，1981）。

Austin Chalk 早期钻探以简单直井为主，这些井从井附近的局部压裂系统中采出石油和天然气。在 19 世纪 70 年代，通过水力压裂措施沟通了更多的压裂系统，实现了油气产量的增加。1984 年，水平井钻完井技术在皮尔索尔油田和吉丁斯油田（图 2-4）得以广泛推广应用，水平井单井产量及最终可采储量提高到直井的 3～5 倍以上（Haymond，1991）。

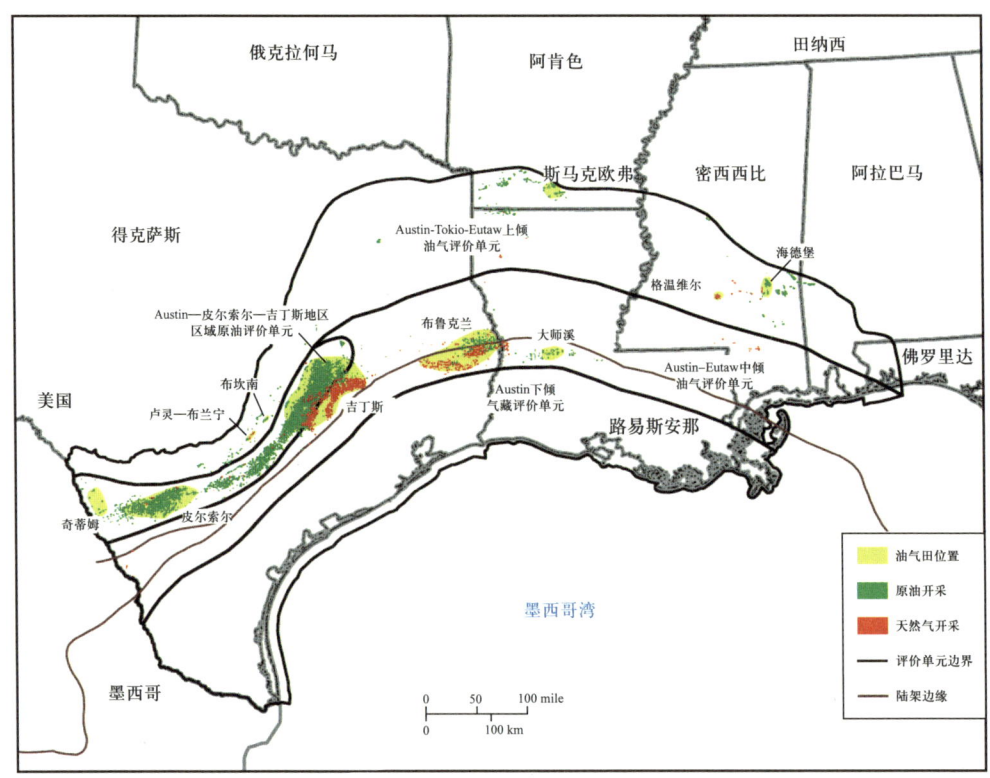

图 2-4　Austin Chalk 致密油气藏评价单元和主要产区位置

2.4　烃源岩和热成熟度

上白垩纪（Cenomanian 至 Turonian）Eagle Ford 页岩在研究文献中以不同的名称命名，如 Eagle Ford 地层或 Eagle Ford 组。在本书中，将称其为 Eagle Ford 页岩或简称 Eagle Ford。它是一种硅质碎屑—碳酸盐岩混合体系，沉积于二级海平面上升海侵期间，其中包含叠加的、频率更高的三阶旋回（Dawson，2000）。其厚度在不同地区有所不同，从得克萨斯州中部的圣马科斯拱门上方的 35 ft（图 2-5）到位于东得克萨斯盆地南 1400 ft 不等。随着海平面上升 60～100 ft，海相页岩和碳酸盐沉积在研究区域北部的碎屑河流体系以南（Dawson，2000）。Eagle Ford 页岩的一个主要沉积中心位于得克萨斯州东北部。这些陆源地层向下演化为海相沉积，碳酸盐含量增加（Dawson，2000）。因此造就了具有可变岩性和生烃潜力的烃源岩。Dawson（2000）将 Eagle Ford 划分为两个地层单元。较低的整体海侵单元由层状页岩组成，显示轻微的生物扰动。海侵和凝聚地层沉积在风暴波基底下的低氧海洋环境中。已知的动物类物种很少，这些较低的页岩往往容易产油。上回归单元包含页岩、石灰岩和碳质石英粉砂岩的高频旋回。这些地层沉积在风暴潮基底之能量更高、氧含量更高的环境中，存在更多样化的动物群落，该单位往往容易产气。

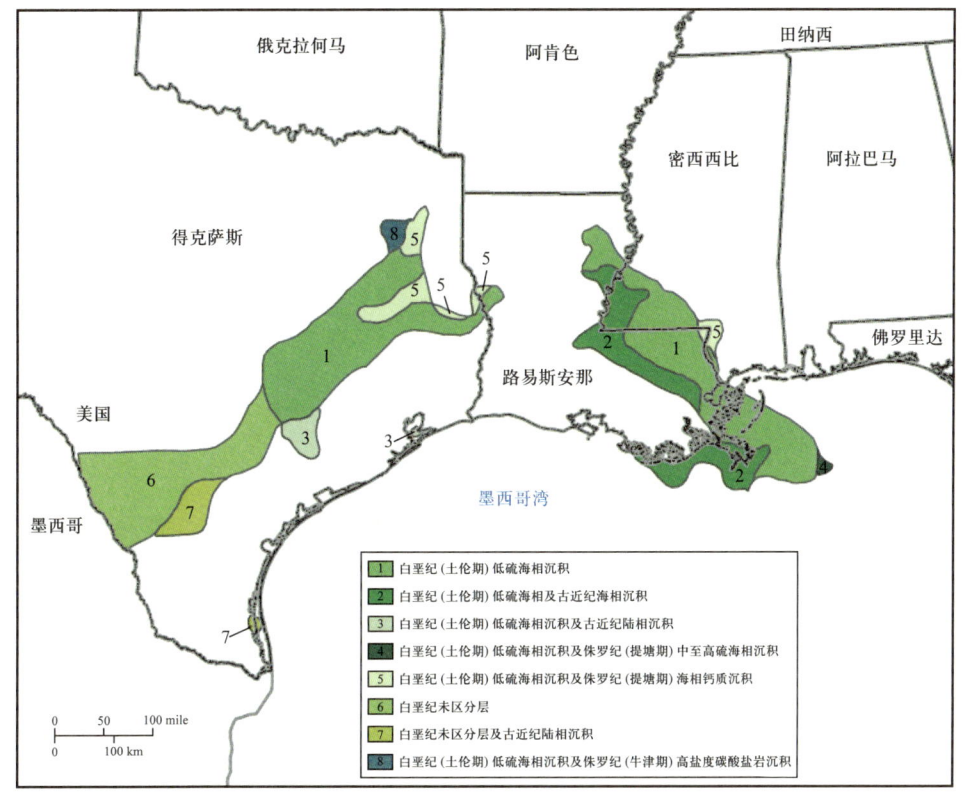

图 2-5　研究区白垩纪沉积油气藏分布

Dawson（2000）识别并描述了 Eagle Ford 的六种微相，其中包括沥青黏土岩和页岩、黄铁矿易裂页岩、磷质页岩、膨润岩页岩、化石页岩和粉砂质页岩。烃源岩的主要微相为沥青黏土岩、页岩和磷质页岩。沥青黏土岩和页岩沉积于受限的、深海缺氧环境中，被解释为海侵沉积（Dawson，2000）。TOC 约占总重量的 5%，黄铁矿局部存在。这些地层缺乏生物扰动作用、化石和诊断性沉积构造。Dawson（2000）提出磷质页岩（又称浓缩页岩）沉积于波底下方的缺氧环境中。这些页岩表明浮游生物化石丰富但多样性低，以及底栖生物化石丰度低。TOC 占总质量的 2%～4%（质量分数），黄铁矿和海绿石含量较高，生物扰动较少。

Robison（1997）研究了 Eagle Ford 烃源岩的潜力和特征。根据易出油干酪根（荧光无形岩 + 壳质岩）所占比例，该地层拥有得克萨斯州东部烃源岩的质量。大多数样品含有富氢的 Ⅱ 型干酪根和贫氢的 Ⅲ 型干酪根的混合物，这使得 Eagle Ford 地区易于同时生产石油和天然气。TOC 相差很大，从重量的百分之一到百分之十不等。Robinson（1997）绘制了 TOC 含量与硫含量的关系图，提出该地层处于正常的海洋沉积环境，而不是 Dawson（2000）所解释的缺氧环境。

Hood 等（2002）绘制的研究区内白垩纪（以 Turonian 为主）原油分布图显示历史上 Austin Chalk 趋势产生的石油很可能来源于 Eagle Ford，因为其类型为低硫海相，年代为 Turonian 时代。路易斯安那州和密西西比州的 Turonian 烃源岩实际上可能属于 Tuscaloosa 组，因为这些地层在时间上与 Eagle Ford 部分相当。

总的来说，Eagle Ford 具有良好甚至极佳的烃源岩特征，可能在其当前生油窗口位置（图 2-6）以及以前的生油窗口位置产生了大量的碳氢化合物。最高产的层段是海侵层，由沉积在缺氧环境中的致密海相页岩构成。干酪根类型主要为易产油型，烃源岩质量在横向和纵向上均存在差异。

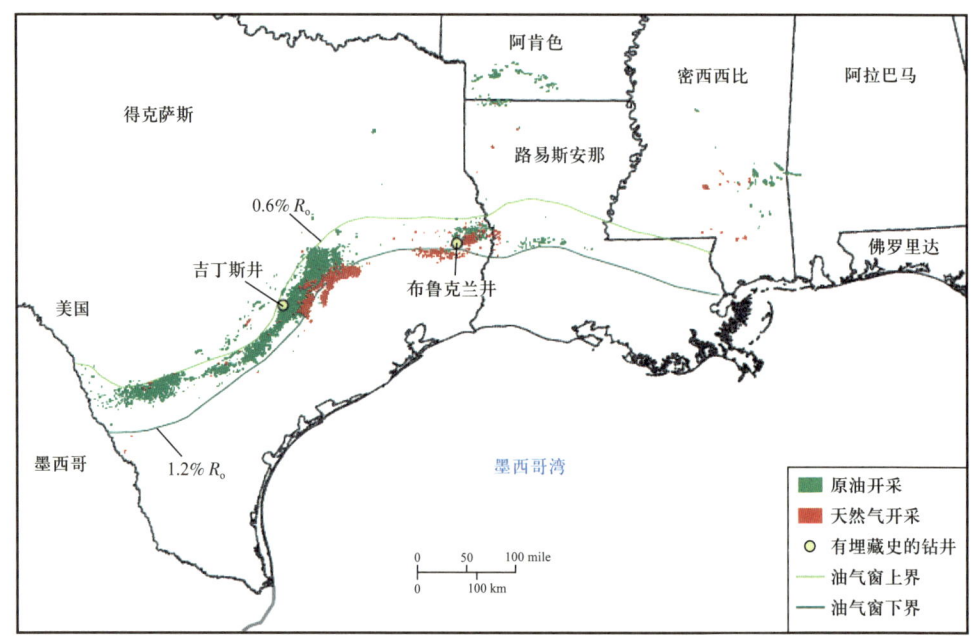

图 2-6　Eagle Ford 页岩产区 Austin Chalk 地层油气产量和生油窗上下限（镜质组反射率为 0.6%～1.2%）（J. Pitman，2010）及 Austin Chalk 致密油气藏井位分布（HIS 能源公司，2009）

Robison（1997）和其他人认为 Austin Chalk 至少部分是自源的。Grabowski（1981）对该地层的烃源岩潜力进行了研究，发现其 TOC 含量高达 3.5%，在较深、较远的样品中这个数值更高。远上倾角的白垩岩几乎不含有机碳。无定形和腐泥型 Austin 油中含有 II 型干酪根，由浮游和藻类有机质产生。Grabowski（1981）根据从该深度以下的样品中提取碳氢化合物的可采出性增加，将石油生成的起始点定位在约 5000 ft 的埋藏深度。同样，当这些碳氢化合物减少时，气体产生的开始发生在 Austin API 度小于 20 至大于 60 的约 9000 ft 处。Grabowski（1981）将 API 度变化归因于油气运移的程度，API 度越高，运移距离越远。另一方面，API 度小于 30 的油可能经历了生物降解，因为它们往往存在于浅井中。

除 Eagle Ford 外，其他岩石可能是研究区 Austin Chalk 的烃源岩。侏罗纪（牛津阶）Smackover 组沉积在研究区东部的大部分地区，其岩性和硫含量各不相同（图 2-7）。路易斯安那州和密西西比州的石油样品的地球化学油类型表明，Smackover 组可能是主要的烃源岩（Hood et al.，2002）。该烃源岩与研究区西部的烃源岩一样，同时含有Ⅰ型和Ⅱ型干酪根，这表明该烃源岩中既有藻类的贡献，也有一些陆源物质的贡献（Sassen，1990）。

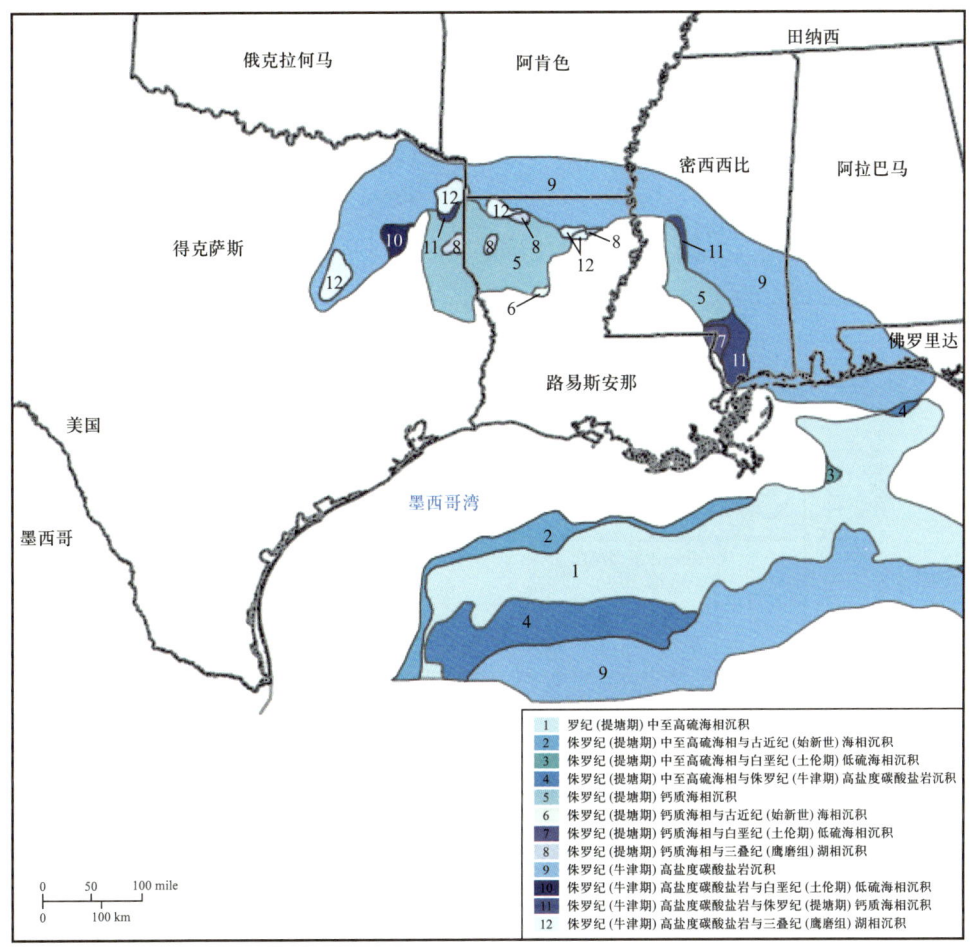

图 2-7　研究区域侏罗纪油气分布（改自 Hood et al.，2002）

Austin Chalk 采出侏罗纪油气可能来自 Oxfordian 高矿化度碳酸盐岩地层

研究人员为从 Austin Chalk 开采石油的两口井构建了埋藏史（图 2-8 和图 2-9）。模型的输入参数包括地层顶部、岩性、有机碳含量（百分比）、古水深度、沉积物—水界面温度、古热流、镜质组反射率、温度和侵蚀。第一口井位于吉丁斯油田，其中 Eagle Ford 是主要的烃源岩。在这里，Austin 大约 570 ft 厚，地层顶部深度为 6730 ft。Eagle Ford 厚度为 300 ft，就位于 Austin 下面。使用 Woodford kinetics（低硫）进行建模，利用镜质组反射率（R_o）值分别为 0.6% 和 1.3% 估算出油窗的顶部和底部。Eagle Ford 目前处于出油窗口内；该地区的 Eagle Ford 大约在 10 Ma 前开始产油，大约在 4 Ma 时，该地层顶部进入了产油窗口。目前，Eagle Ford 顶部的 R_o 值为 0.61%，表明该地层上部仅在短时间内（大约 4 Ma）产油。

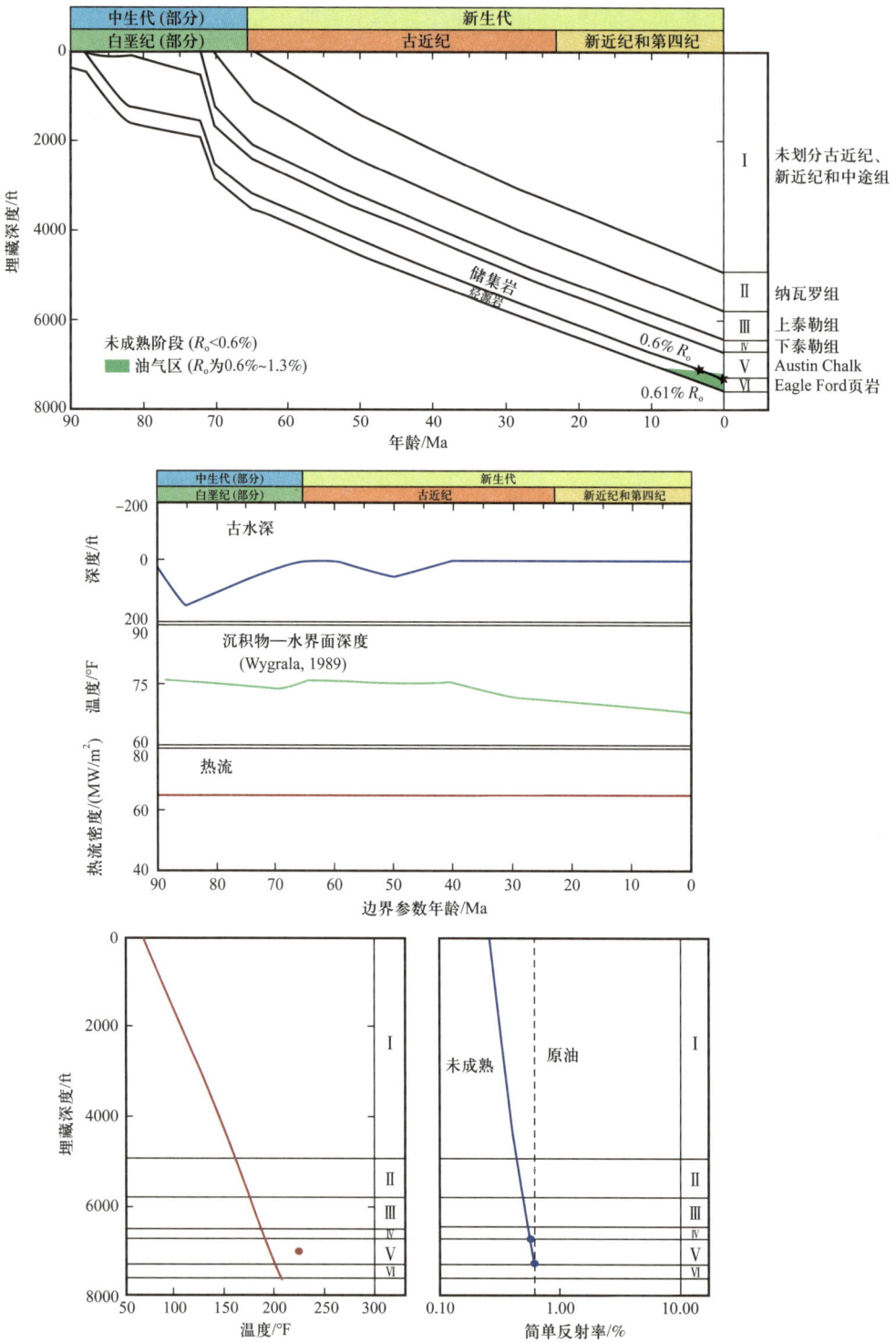

图 2-8 Giddings 油田埋藏史（Sweeney et al., 1990）

星号表示 Eagle Ford 页岩顶部计算镜质组反射率值，罗马数字表示等效地层单元，Eagle Ford 地层顶部约在 4 Ma 前进入生油窗，当前镜质组反射率值为 0.61%

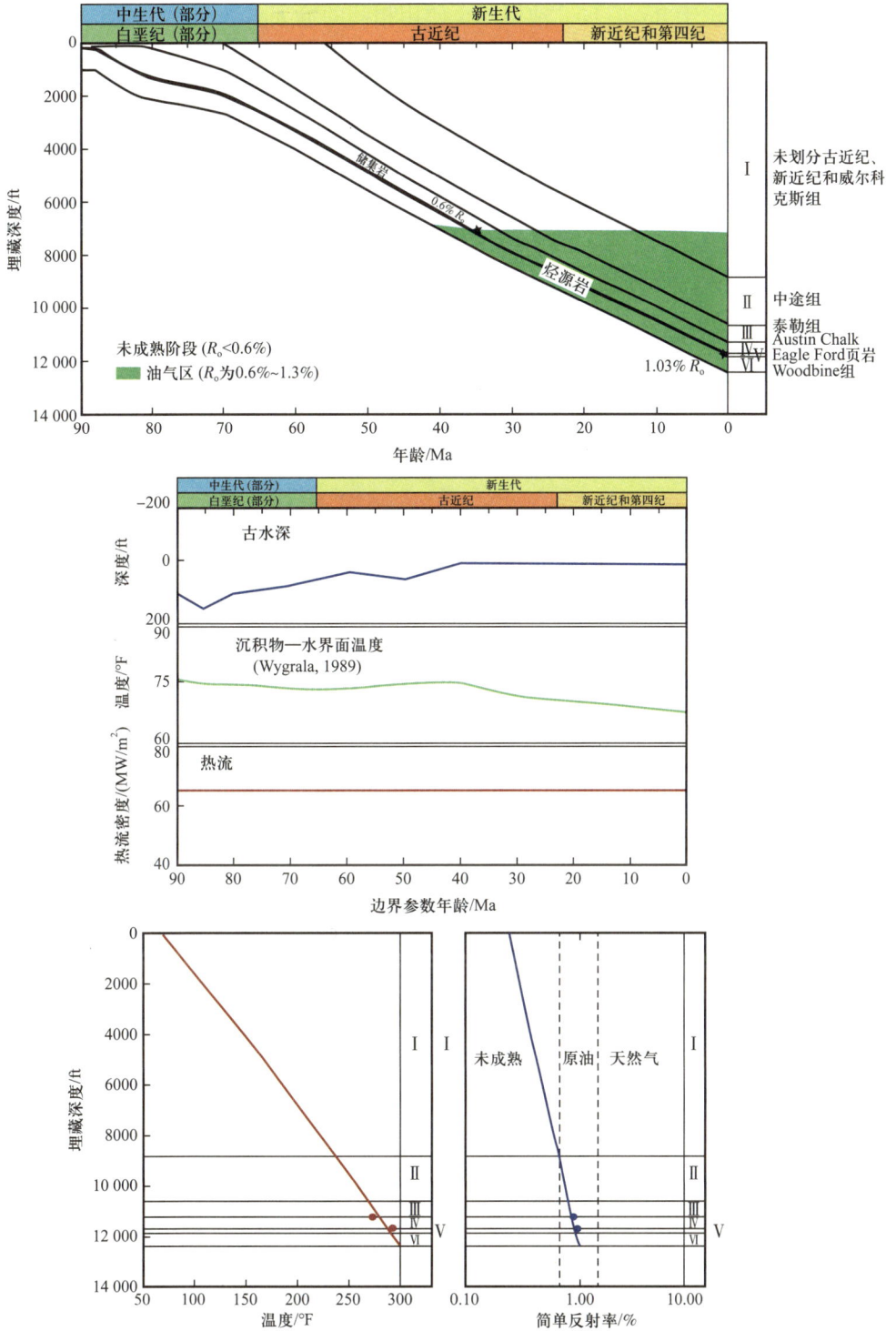

图 2-9　Brookeland 埋藏史（Sweeney et al.，1990）

星号表示镜质体反射率位置，罗马数字表示等效地层单元。Eagle Ford 地层顶部大约在 3.7 Ma 前进入生油窗，当前镜质组反射率为 1.03%

另一口研究井位于 Brookeland 油田，也使用相同的输入参数、烃源岩、动力学和 R_{o} 值进行建模，以估计油窗。Austin 层厚约 470 ft，地层顶部深度约 11 300 ft。图 2-10 显示，目前 Eagle Ford 处于产油窗口内，R_{o} 值为 1.03%，开始产油约 37 Ma。与吉丁斯油田相比，Brookeland 地区的 Eagle Ford 井要薄得多，厚度只有 60 ft。因此，R_{o} 值是作为地层平均值给出的，而不是像之前的井那样作为地层顶部。

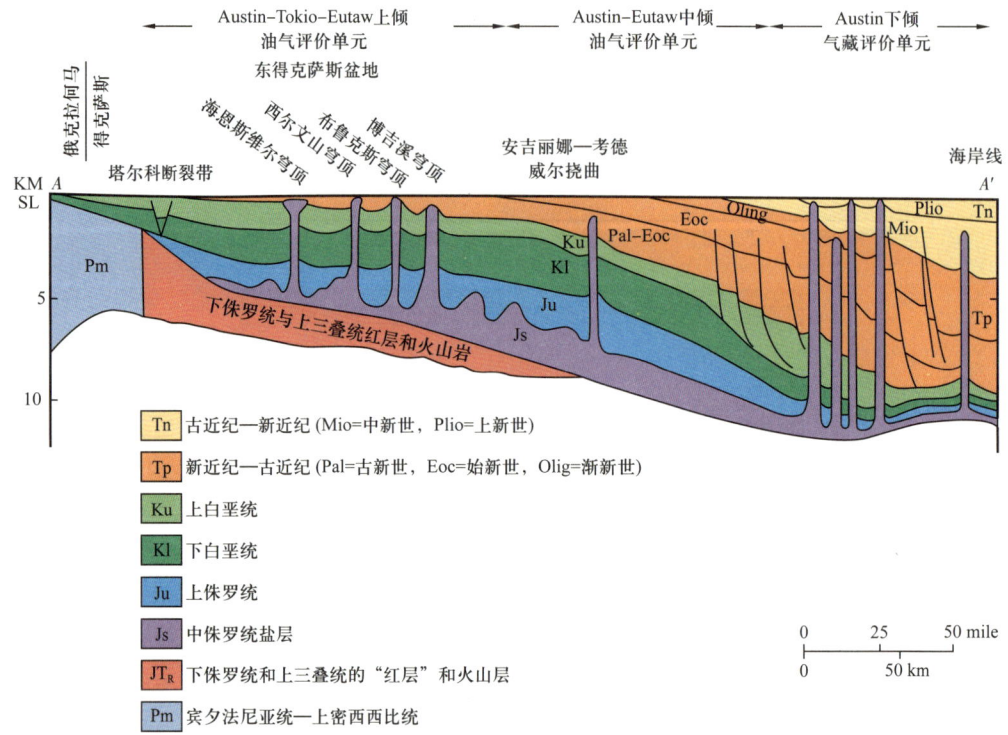

图 2-10　A—A′ 剖面主要地层单元和构造特征

Austin 白垩纪地层以浅绿色标记，地层剖面从俄克拉何马州—得克萨斯州边界跨越到得克萨斯州海岸线。Austin 白垩纪地层油气运移主要来自下部 Eagle Ford 页岩源岩

2.5　开发潜力

通过对 IHS 能源集团（2009）油井和生产数据及 NRG 联合公司（2007）现场数据的分析，来评估与 Austin Chalk、Tokio 和 Eutaw 地层相关的圈闭类型和生产趋势。Austin Chalk 气藏中存在许多类型的圈闭，许多油田都呈现出多种类型的圈闭组合。截面 A—A′（图 2-11）展示了该地区的各种圈闭类型。该区上倾区的储层通常被正常断层圈闭封闭，碳氢化合物集在断层的下倾侧。这些断层主要是得克萨斯州的 Balcones、Luling 和 Mexia-Talco 断层带，以及更往东的 Pickens、Gilbertown 和阿肯色州南部断层带，它们呈长串状，平行于 Austin 露头带（图 2-5）。由于这些断层的串列性质，油田在地图上看起来有些分散，单个油田很少延伸到给定断裂带的末端以外。油井和生产数据（IHS 能源集团，

2009a，2009b）表明，这些断层大部分都已经勘探过，在油气藏上倾部分，这种圈闭未发现油气的可能性很低。

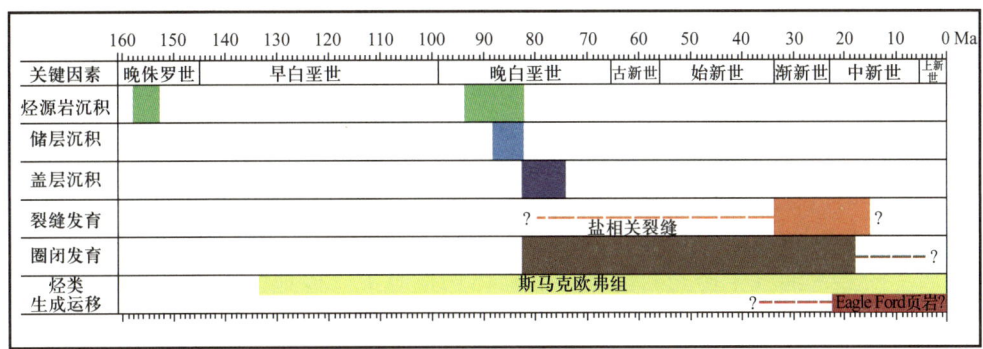

图 2-11　Austin Chalk 含油气系统事件图

烃源岩包括 Smackover Formation、Austin Chalk 和 Eagle Ford 页岩

储层本身的低孔低渗特性提供了另一种常见的圈闭类型。未连通的粒间孔隙造就了 Austin Chalk 储层的大部分储存能力，未破裂的岩石基质本身就可以作为顶部和侧向密封。美国地质勘探局将这些储层定义为连续储层，因为它们往往是区域性的，表现出扩散边界和低渗透性，缺乏明显的密封、圈闭和碳氢水接触（Schmoker，1999）。这与传统油气藏不同，传统油气藏中存在断层、构造和地层尖灭等传统油气圈闭。美国地质勘探局也将常规储层定义为具有圈定良好的碳氢水接触面，并通常显示出高基质渗透率（Schmoker，1999）。研究区域的一小部分可能包含连续储层。该区域包括皮尔索尔、吉丁斯及位于二者之间的几个较小油田，极有可能包含多种圈闭类型，这些圈闭类型的宽构造和低渗透岩石都有助于油气的聚集。

研究区其他圈闭类型包括背斜圈闭、翻越背斜圈闭、通过相变形成的地层尖灭圈闭和生长断层圈闭。背斜等构造圈闭往往与侏罗系卢安盐运动有关，主要集中在东得克萨斯盆地、北路易斯安那盐盆地和密西西比盐盆地（图 2-5）。

在渐新世和中新世早期，该地区与断层带相关的裂缝可能与这些断层的运动相吻合（Dawson et al.，1995）。Eagle Ford 页岩在中新世早期进入油窗期（Dawson et al.，1995），热成熟度模型（图 2-8 和图 2-9）表明它仍在生成油气（图 2-6）。这一点至关重要，因为这个时间范围推迟了裂缝的形成时间，使得油气在生成后立即进入这些系统（图 2-11）。Austin Chalk 可能在中新世的某个时候进入了"油窗"，如果 Austin Chalk 具有自我开发的其他必要品质（即充足的 TOC），这是一个重要的组成部分。Smackover 组的油气生成和运移始于白垩纪早期，并一直持续到现在（Mancini et al.，2003）。盐运动可能开始于侏罗纪晚期，沉积后不久，并持续到海湾沿岸的古近系，形成了与盐相关的构造（图 2-4）和裂缝。盐的移动使得石油和天然气运移到这些与盐有关的圈闭中。

Austin Chalk 储层需要垂直运移通道。Eagle Ford 位于 Austin Chalk 的正下方，使得碳氢化合物通过局部的裂缝网络向上运移。上倾且与油窗连续的岩石中的碳氢化合物可能沿着与窗平行的路线（Dawson et al.，1995）穿过 Eagle Ford 或 Austin Chalk 本身。然而，来自侏罗系 Smackover 地层的油气需要复杂的通道来充注储层，例如沿盐构造向上运移、通过非封闭断层垂直运移或通过中间地层缓慢运移。任何自源碳氢化合物都需要较短的运移通道进入附近的圈闭，除非裂缝能提高连续产层的产量，在这种情况下，常规圈闭是不必要的。

2.5.1 Austin-Tokio-Eutaw 上倾油气评估单元

Austin-Tokio-Eutaw 上倾向油气评估单元是一个常规评估单元，其中油气产自传统圈闭。如上所述，油气生产与封闭断层和盐体构造有关。该地区主要包括得克萨斯州的 Buchanan 和 Luling-Branyon、阿肯色州的 Smackover，以及密西西比州的 Heidelberg 和 Gwinville 油田。

该评估单元的北边界由评估单元西部储层的上倾角确定。再往北，Talco 和 Pickens 断裂带划定了评估单元的边缘，因为油气不太可能向这些封闭断裂带的上倾运移。在评估单元东部的断裂带之间，北边界位于地下 Smackover 烃源岩的大致范围内（Hood et al.，2002）。西部边界位于美墨边境。南区位于 Luling 断裂带和 Enterprise 断裂带以南，Milano 断裂带以北。它也位于较大区域构造的北部，如 Angelina-Caldwell 挠曲、La Salle 隆起、和 Adams County 高地。

在该评估单元西部，主要的烃源岩是 Eagle Ford 页岩，也可能有少量来自 Austin。在 Eagle Ford 发育不成熟地区，如西部大部分地区，油气向上运移。在评估单元东部地区，Eagle Ford 不是优质的烃源岩，大部分油气可能来自 Smackover，少量油气可能来自 Austin 自身（Hood et al.，2002）。

该评估单元中 Austin 组储层特征自西向东各不相同，和从 Austin 组以白垩系为主到 Tokio 组和 Eutaw 组砂岩为主的相变吻合。孔隙类型由西部的裂缝孔隙转变为东部砂岩的基质孔隙。白垩相孔隙度较低，砂岩孔隙度普遍较高。渗透率也遵循类似的模式，西部地层渗透率非常低，而东部地层渗透率要高得多（NRG Associates，2007）。

从西部断裂、生长断裂到东部盐盆正断层、背斜和相变化，整个评估单元的圈闭类型各不相同。虽然溶解气驱是最常见的，但其驱动类型也各不相同，特别是在背斜圈闭中。该评估单元约三分之一的储层存在水驱，通常与正常断层和发育断层有关。这样的圈闭和驱动机制表明这是常规油气藏，因为它们通常有油水接触。

Austin-Tokio-Eutaw 上倾油气评估单元主要由区域断裂带和与盐盆相关的小背斜为主，大型背斜型构造在该评估单元很少。由于圈闭往往较小，未发现的油田预计资源量也较低。沿着未钻探的断层段和盐构造可能会发现新的油田。封闭断层段之间的地堑也有可能在未来被发现，因为它们提供了另一种圈闭油气勘探思路。

评估单元概率表示在评估单元中存在至少一个最小或更大的未发现油田可能性。评估单元概率是充注量、岩石、时间和保存概率（取 1.0）的乘积。根据以下对油气系统要素的解释，估计该评估单元至少含有一个大于最小油田规模（$5000×10^4$ bbl 油当量）的油气藏的可能性为 100%。

评估单元中大量已知和产出的油气藏表明，该地区存在充足的充注量，而且 Eagle Ford 和 Smackover 是该地区丰富的烃源岩。尽管 Eagle Ford 储层的油窗位于评估单元南部，但仍存在许多油气充注的通道。

Austin Chalk、Tokio 和 Eutaw 砂岩储层已被证明具有足够的储层质量来容纳和生成油气。地层覆盖了整个评估单元，厚度为 150~1200 ft。然而，储层质量各不相同，一些地区的储层具有较高的页岩含量和较低的裂缝连通性和密度。

该评估单元地质事件的时间表明，与断层带相关的断裂可能与渐新世和早中新世期间沿这些断层的运动相吻合（Dawson et al.，1995）。这早于 Eagle Ford 在中新世早期进入油气窗口（图 2-11），使得油气在生成后立即进入储层。在评估单元东部，盐促成了大部分圈闭的形成，盐运动可能开始于晚侏罗世。这使得白垩纪早期形成的 Smackover 油气（Mancini et al.，2003）在圈闭形成后得以运移到这些圈闭中。

超过最小规模的未发现油气藏量是根据已发现的油气藏量、初探井数量和钻井密度（干井加生产井）来预测的。在这一评估单元中，有 41 处已发现的石油储量大于最小值，这意味着针对 15 处油藏的研究发现 75% 的油藏已经被发现。由于这是一个相当成熟的石油区块，因此选择了最少的一个储层。此外，在过去的 20 年里，钻探的初探井不到 10 口，这在一定程度上表明了勘探兴趣有所下降。预计最多可发现 30 个储层，表明仅发现了 58% 的石油储层。预计未来的发现将与小型盐构造有关，而且沿着未钻探的断层段，总产量较小。

在这一评估单元中，只有 6 个已发现的大于最小规模的气藏，针对 5 个气藏的研究表明已发现的气藏仅占所有气藏的 55%，同时在这一评估单元中未发现的气藏的潜力大于石油。这在一定程度上是因为尽管在过去 30 年里只发现了一个油田，但在倾向于含气的评估单元部分，未钻探构造的潜力更高。与最小油藏量一样，气藏量的最小值也被设定为 1。最大的气藏量为 15 个，这表明仅发现了 29% 的气藏量。与油藏一样，未发现的气藏可能与小型盐构造和未钻探的断层段有关。

根据历史油田规模的分布和时间趋势来评估油气藏规模的增长。在过去的 25 年里只发现了两个油田；两者的总产油量不超过 $100×10^4$ bbl，因此未发现油藏的增长中值为 $100×10^4$ bbl。根据美国地质勘探局的最小评估惯例，最小面积设定为 $50×10^4$ bbl。在过去的 40 年里，只有一个油田的产量超过了 $1000×10^4$ bbl，因此最大产油量估计为 $1000×10^4$ bbl。

天然气产量的中值估计为 $60×10^8$ ft³，这与石油的中值估计值为 $100×10^4$ bbl 相关，二者体积当量约为 6∶1。这表明预期的油气藏规模大致相等。该中值是最小值 $30×10^8$ ft³ 的两倍，因为根据美国地质勘探局的评估惯例，最小值 $30×10^8$ ft³ 是天然气储量的设定增长规模。仅发现了两个超过 $400×10^8$ ft³ 的油田，最近发现的仅为 $150×10^8$ ft³。考虑到这些事实，将最大增长气体规模设定在 $40 \times 10^8 \text{ ft}^3$，这比 6∶1 的比例应用于最大增长原油规模 1000×10^4 bbl 时减少了约三分之一，最终将产生大约 $600 \times 10^8 \text{ ft}^3$ 的气藏。

2.5.2 Austin 皮尔索尔—吉丁斯油气评价单元

Austin 皮尔索尔—吉丁斯地区油气区是一个连续评价单元，白垩系在一个连续的储层中产出石油和天然气，传统圈闭类型如背斜和断层／断裂对该地区的油气储存和开采并非必需。和那些与吉丁斯有关的油气田（图 2-12 和图 2-13）类似，在评价单元的内一些局部构造可能会提高产量。连续分类对于 Austin 这样的油藏来说是很常见的，由于白垩系的基质孔隙度和渗透率极低，这为油气藏圈闭提供了条件。在存在大量连通裂缝系统（通常与正常的断层和构造有关）的地方，一个"甜点"存在于连续的评价单元中。"甜点"确定了与周边地区相比产量较高或者预计产量较高的地区。该评价单元（区域）包括皮尔斯和吉丁斯油田，以及油田之间的生产区域。

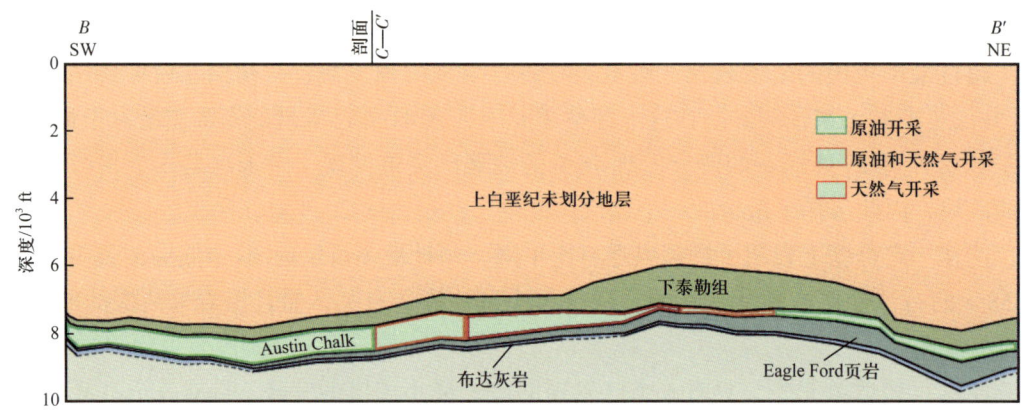

图 2-12 $B—B'$ 剖面显示了吉丁斯油田的地层单元和石油天然气生产情况

北部边界由 Austin-Tokio-Eutaw 上倾油气区评价单元的南部边界确定，Luling 断层带在此终止。西部边界位于美墨边境，东部边界包括位于吉丁斯油田东侧的油井。南部边界位于皮尔索尔油田以南，继续向东延伸至 Austin 主生产带以南，最终穿过吉丁斯油田。吉丁斯油田边界的位置与油藏从以产油为主转变为以产气为主的过渡相吻合。

研究区域这部分认为是来源于 Eagle Ford 盆地，在地图上看到几乎所有评价单元都位于 Eagle Ford 盆地油窗之上。该区域还产生了一定量的天然气，这些气体很可能是从 Eagle Ford 或 Austin 更深的地区向上迁移而来的。断裂孔隙几乎构成了该单元孔隙的全部，渗透率的范围从很低到较高不等。溶解气驱动占主导地位（NRG Associates，2007），圈闭一般为背斜和相互链接的断裂组。

虽然该地区可能还存在其他的"甜点"区，如 Chittim 和皮尔索尔油田的进一步扩张（图 2-14），但未来的发现难以预测。"甜点"区外可能存在小构造和断层，从而扩大了生产区域。如果剩余的评价单元提供的捕集机制很少，或者孔隙渗透率低，那么未来的生产将仅限在已确定的"甜点"区加密钻井。

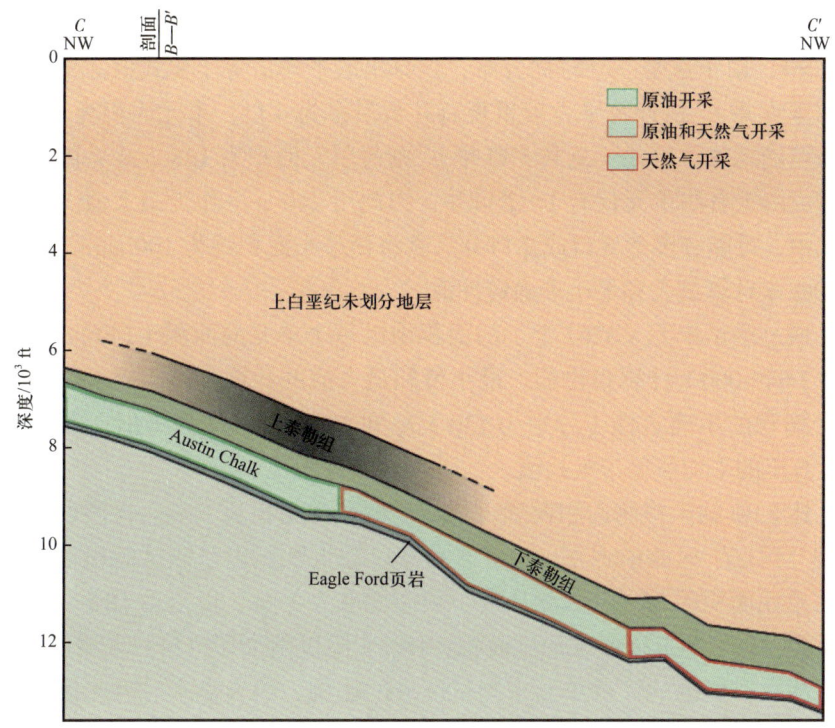

图 2-13 C—C′ 剖面显示了吉丁斯油田的地层单元和石油天然气生产情况

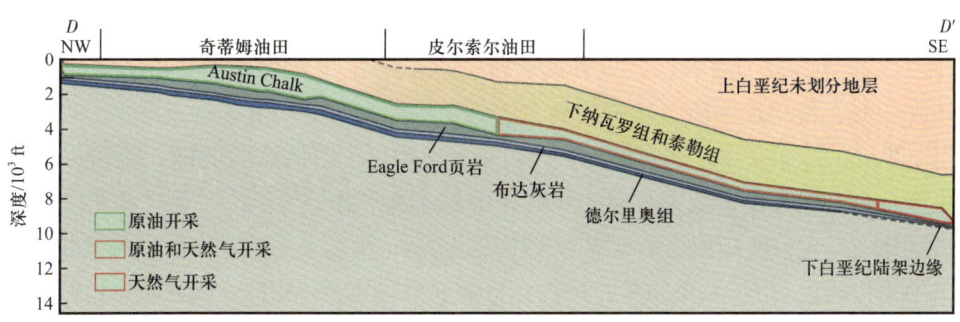

图 2-14 D—D′ 剖面显示了奇蒂姆油田和皮尔索尔油田的地层单元和石油天然气生产情况

根据对石油系统要素的以下解释，估计该评价单元至少存在一个未进行测试的单元，其总收率至少为 0.002×10^6 bbl 油当量的可能性为 100%。吉丁斯和皮尔斯尔油田规模和钻井密度表明存在足够的充注量。此外，Eagle Ford 是主要的烃源岩，而且 Eagle Ford 位于大多数评价单元的油窗范围内。

在这个评价单元中，Austin 白垩岩已被证实是一种有潜力的储层岩石。虽然基质渗透率可能很低，但断层和构造形成的裂缝，提高了白垩系的储层质量。Austin 白垩系层厚度从 200 ft 到 1000 ft 不等。Eagle Ford 目前位于吉丁斯油田的石油窗口内。该地区的 Eagle Ford 大约在 10 Ma 开始产油，地层顶部大约在 4 Ma 进入生油窗口。Austin 白垩系的断裂始于晚白垩纪，随后生成的原油可以将原油注入断裂的 Austin 白垩岩储层中。

模式面积是使用基于 AU 边界的地理信息系统 GIS 计算的。最大和最小面积约等于模式面积的 ±5%。由于这是一个对称分布，计算出的平均值等于模式值。采用水平井，间距（不采用垂直井），估计每平方英里现有井数最多为 4 口，单元面积为 160 acre。考虑到某些单元可能增加 1 口井（总共 5 口井），则每单元面积为 128 acre；因此，该模式采用 140 英亩。由于有些单元仅有 1~2 口井，因此用 240 acre 作为最大值。在存在短水平段井的单元中，可能有多达 6 口或 7 口井。这将使最小面积约为 100 acre。根据计算得出平均值 ±20% 来计算最大和最小不确定性值。

模式是通过测试单元（8267 个）的面积乘以每个单元的面积（140 acre），再除以模式单元数（7 649 000）计算得出的。最小值和最大值的计算方法相同，通过每个单元的最小和最大面积的不确定性（分别为 130 acre 和 190 acre）计算得出。由于分布基本对称，因此计算出的平均值等于模式值。

根据上述 83% 的未检测面积模式，估计已测试的面积为 17%。在假设大多数已测试的面积位于"甜点"区的前提下，计算了位于"甜点"区内已测试面积百分比。"甜点"区占总评估单元面积的 35%，因此从这个数字中减去 17%，得出约 18%，即"甜点"区的未检测面积。将"甜点"区未测试面积（18%）除以整个评价单元未测试面积（83%），得出位于"甜点"区内的评价单元未测试区域的比例，约为 20%。将此值乘以预测的最大未来成功率（80%），得出潜在可增加储备的最小未测试面积比例约为 16%。假设未来钻井仅限于在"甜点"区域内填充钻井。如果未来钻探扩展到"甜点"区域之外，额外的单元将有可能增加储量的潜力；因此，估计模式约为 30%，约为最小值的两倍。最大百分比可以通过假设"甜点"区以外的大部分区域将提供额外的储量来估计。估计的最大面积为 75%。使用最小值、模式和最大值确定出计算的平均值。

每个单元的总采收率是通过估计最终可采量（EUR）图估算出来的，该图将 1996 年后开始生产且总产量大于最低采收率的所有评价单元水平井分为第一、第二和第三个三分之一。第三分之一显示每口井的采收率为 35 000 bbl 油，第二个三分之一显示每口井的采收率约为 10 000 bbl 油。由于未来的井的采收率与第三个三分之一相似，因此将每口井的总采收率中位数设为 4000 bbl 油。最小值为 200 bbl 油，因为这是每口井的最小总采收率。使用第三个三分之一的 EUR 图表，评价单元中总采收率最高的单元产出大约为 5000 bbl 油，因此将最大总采收率设为这个数字。使用最小值、中位数和最大值计算出的平均值。

历史成功率是根据超过最低采收率 0.002×10^4 bbl 油当量的井数（6419 口井）除以测试井总数（8267 口井）得出的，成功率为 78%。"甜点"区内和"甜点"区外的成功率计算方法相同，"甜点"区域的成功率为 81%，非"甜点"区的成功率为 31%。使用这些数字，计算出未来的成功率。如果未来的钻井仅限于"甜点"区内，那么成功率将接近"甜点"区的历史成功率。因此，将最大成功率设为 80%。假设由于完井工艺的改进，未来钻井的成功率将略高于过去，并且未来部分钻井将位于"甜点"区域内，因此将最小成功率设为 40%，略高于"甜点"区之外的历史成功率（31%）。由于这是一个对称的分布，因此计算出的平均值等于模式。

2.5.3 Austin-Eutaw 中倾油气评价单元

Austin-Eutaw 中倾油气评价单元位于 Austin-Tokio Eutaw 上倾油气评价单元中部和东部的正南方，西南部则位于 Austin 皮尔索尔—吉丁斯评价单元的正南方。该油气评价单元主要由位于下白垩纪大陆架边缘及其以北的生产带所界定。北部边界位于 Enterprise 山脉断裂带以南，Angelina-Caldwell、La Salle arch 和 Adams County 等较大区域构造以北。它向西延伸至美国与墨西哥的边界，向东延伸至路易斯安那州、密西西比州、亚拉巴马州和佛罗里达州的州界。南部边界位于下白垩纪大陆架边缘相关断裂的推测延伸范围内。

该油气评价单元内的主要油田包括 Masters Creek、布鲁克大陆和吉丁斯南部地区。与大陆架边缘有关的油田几乎构成了所有已发现的油气藏。Austin 白垩系在大陆架边缘上的褶皱可能有助于裂缝密度和连通性的增加，从而提高产量。在这个评价单元内的断层活动也有助于成藏。

与得克萨斯州和路易斯安那州西部其他包含 Austin 白垩系的评价单元一样，Eagle Ford 页岩是主要的烃源岩。此外，初步的热成熟度模型表明，Eagle Ford 在评价单元的中部和东部处于油窗区域（J. Pitman, 2010）。在西部的 Eagle Ford 油气田可能仍然在产生天然气。然而，主要的天然气田位于油窗区域内，这表明可能有天然气通过 Austin 白垩层或 Eagle Ford 油田向上迁移（Dawson et al., 1995）。

储层特征与 Austin-Tokio Eutaw 上倾石油评价单元不同，具有良好的孔隙度和普遍较低的渗透率。既有裂缝孔隙度，也有基质孔隙度（NRG Associates, 2007）。裂缝提供了最常见的圈闭，背斜和翻转背斜提供了其余的圈闭。水力驱动是最常见的驱动类型，存在于 Masters Creek 油田（Swift Energy Company, 2000），可能也存在于邻近的一些大陆架边缘油田。

由于这一评价单元由与下白垩纪陆架边缘相关的大型断裂系统主导，预计未发现的储量将大于与当地断层和盐构造相关的 Austin-Tokio-Eutaw 上倾评价单元的储量。未发现油气藏的潜力中等至优异，未来可能在大陆架边缘的上倾带和下倾带以及已知储量的东、西延伸带中发现新的油气藏。

根据以下对石油系统要素的解释，估计该评价单元至少有一个储量大于 5000×10^4 bbl 油当量最小油田规模的油气藏的可能性为 100%。评价单元内大量已知和已开采的储层表明存在足够的充注量。Eagle Ford 和斯马科弗是该地区多产的烃源岩，前者可能是最主要的，两者都有许多储集。Eagle Ford 石油窗口位于评价单元南部，北部评价单元的储层中有许多油气向上迁移的通道。

Austin 白垩系和 Eutaw 砂岩储层已被证实具有足够的储层质量，可以承载（容纳）并产出石油和天然气。这些岩层覆盖了整个评价单元，厚度为 150~1000 ft。然而，储层质量因地区而异，有些地区页岩含量较高，裂缝连通性和密度较低。

与下白垩统大陆架边缘有关的断裂可能是在晚白垩世沉积后不久发育的。这早于 Eagle Ford 盆地在早中新世进入油窗的时间，这使得油气在生成后立即在储层中赋存。在评价单元的东部，盐形成了大多数圈闭，盐的移动很可能始于晚侏罗纪。这使得斯马科弗油气（Mancini et al.，2003）在圈闭形成后能够迁移进入其中。

通过已发现的油气聚集量、预探井数量和钻井密度（干井和产油井）对超过最小规模的未发现油气聚集量进行评估。该区域有14个大于最小规模的油气藏，这意味着10个聚集的模式表明大约58%的油气聚集已被发现。由于存在中等程度的地质不确定性，比如未钻探的结构数量，因此选择至少一个油气聚集。在过去20年中，大约钻探了25口预探井，这可能表明该地区具有潜力。最多40个聚集区表明只有26%的油气聚集已被发现，这也表明该评价单元的聚集潜力可能大于Austin-Tokio-Eutaw上倾油气评价单元。在该评价单元中，未被发现的油气聚集体可能与小型盐构造有关，也可能位于下白垩统大陆架边缘关的断裂网络中；这可能产生小型（盐构造）到中等规模（大陆架边缘）的总产量。

在这个评价单元中只发现了8个天然气聚集带，模式15表明只有35%的天然气聚集带被发现，这意味着未被发现的天然气聚集潜力大于石油。这是因为大陆架边缘的聚集潜力最大，而大陆架边缘应该主要是天然气聚集的区域。过去20年中发现的许多聚集体位于大陆架边缘也支持了这一观点。与最小石油聚集一样，天然气聚集的最小值被设定为1。最大天然气聚集数量被设定为60，这意味着只有12%的天然气聚集被发现。预计大多数未被发现的聚集位于大陆架边缘，在Eagle Ford天然气窗口或附近。与石油聚集一样，未被发现的天然气聚集也可能与评价单元东部小型盐结构有关。

根据历史油田规模的分布和随时间变化趋势，预测油气藏聚集规模。在过去20年发现的10个油田中，大多数的规模在（1～200）×10^4 bbl油当量之间。然而，由于更大的油田可能已经被发现，因此未发现油藏的平均生长规模中值被设定为150×10^4 bbl油当量。最小规模则按照美国地质调查局（USGS）的惯例设定为50×10^4 bbl油当量。在过去的20年里，只有一个油田的产量超过了2000×10^4 bbl油当量，但据估计最大产量为5000×10^4 bbl油当量，这表明除了吉丁斯油田，可能存在一个储量大于已发现的所有油藏，其产量约为6×10^8 bbl油当量。估计生长天然气的平均规模为900×10^8 ft^3，这与估计的1.5×10^4 bbl油当量的油的平均规模大致相同，因为天然气与石油的体积比大约为6∶1。这表明预期的石油和天然气储藏规模大致相同。这个平均值是美国地质调查局（USGS）惯例中设定的天然气储藏最小规模（3×10^8 ft^3）的三倍。只有两处气田的产量超过100×10^8 ft^3，最新的发现产量几乎达到了80×10^8 ft^3。最大生长天然气量被设定为70×10^8 ft^3，这表明最大的储藏尚未被发现。

2.5.4 Austin下倾气藏评价单元

Austin下倾气藏评价单元位于Austin-Eutaw中倾气藏评价单元的正南部。其北部边界位于下白垩统大陆架边缘有关断裂的下倾范围。西部和东部边界分别由美国—墨西哥边界和路易斯安那州水域界定。下倾边界由得克萨斯州水域界定。

目前该评价单元还没有已知的Austin白垩系产生。因此，对产量、圈闭类型、油田规模和分布都是推测性的。断层和断裂带非常突出，位于大陆架边缘的南部，向下延伸至墨西哥湾。鉴于某些地质条件，如断层活动时间和油气迁移，这些断层可能形成并储存大量未发现的储集层。任何源自 Eagle Ford 的储集层都可能是天然气，因为整个评价单元位于 Eagle Ford 油窗下倾边界以南（J. Pitman，2010）。圈闭预计包括正断层和与盐有关的背斜。

未发现的油气藏可能存在于未钻探的生长断层和与盐有关的构造中。由于这些圈闭类型与 Austin-Tokio-Eutaw 上倾油气评价单元的圈闭类型相似，因此可以推测油田的规模和分布在某种程度上是相似的，尽管该地区的勘探面积较少。因此，未发现油藏的潜力被认为是中等到高等的，预计油田规模将小到中等。如果存在更大的构造，例如 Austin-Eutaw 中倾油气评价单元的构造，那么可以预期相应的更大的油田规模。

根据以下石油系统要素的解释，估计该评价单元至少含有一个大于 5000×10^4 bbl 油当量的最小油气藏规模的可能性为 100%。在 Austin-Eutaw 中倾油气评价单元中，大量已知和已生产的油气藏表明该地区存在充足的充注量。Eagle Ford 从 Austin 下倾气藏评价单元的上部获得了许多油气聚集。然而，由于油窗也主要位于上部，聚集应以气体为主。

Austin 石灰岩储层已证明具有足够的储层质量生产油气。岩层覆盖整个评价单元，厚度可能在 150~800 ft。然而，由于评价单元内的奥斯白垩岩基本上未经测试，储层质量尚不确定。

晚侏罗纪沉积后不久，与路易安盐的运动和疏散有关的正断层开始运动，并持续到 Wilcox Formation 沉积时期（早始新世）。这些断层在路易安盐层的某些地方发生断裂，可能为石油和天然气提供圈闭。这种断层运动发生在早中新世，早于 Eagle Ford 盆地进入油气窗口期，这使得油气在储层形成后立即进入储层。在评价单元的中部和东部地区，盐构造及其相关的裂缝和断层形成了大多数圈闭。这也使得储层中的石油和大部分 Eagle Ford 油气得以充注。

以 Austin Eutaw 中倾油气评价单元为类比，评估了超过最小规模的未发现的油气聚集数量。该评价单元中有 14 个已发现石油聚集，预测有 10 个未发现的聚集模式。由于 Austin 下倾气藏评价单元位于油窗底部，因此油气聚集应该很少，因此预测 Austin 下倾气藏评价单元有两个聚集模式。由于缺乏数据，地质上存在相当大的不确定性，因此选择了该评价单元的至少一个聚集。Austin-Eutaw 中倾油气评价单元最多评估了 40 个油气聚集，Austin 下倾油气评价单元最多评估了 10 个油气聚集，这也是由于上倾油气窗的原因。在该评价单元，未发现的聚集可能位于封闭性正断层和与盐有关的构造附近。

在 Austin-Eutaw 中倾油气评价单元有 8 个已发现的天然气聚集区，因此该评价单元的模式为 15 个聚集区。由于该地区的大部分地区尚未被勘探，因此将 Austin 下倾天然气评价单元聚集区数量模式设为 50 个。与石油储量的最小值一样，由于地质不确定性，天然气储量的最小值也设定为 1。Austin-Eutaw 中倾油气评价区最大天然气聚集数为 60；Austin 下倾气藏评价单元最大聚集数为 200，这表明该区域有巨大的天然气聚集潜力。与石油聚集一样，未发现的天然气藏与正常断层和小型盐构造有关。

根据 Austin-Tokio-Eutaw 上倾油气评价单元历史油田规模的分布和时间趋势预测了油气藏的增长规模。该区已发现 41 个油田，只有 4 个油田总储量超过 400×10^4 bbl 油当量。因此，Austin-Tokio-Euta 上倾天然气评价单元最大气藏储量设定为 400×10^4 bbl 油当量。最小储量为 50×10^4 bbl 油当量，中位数为 200×10^4 bbl 油当量，是 Austin-Tokio-Eutaw 油气评价单元的两倍。这是因为 Austin 下倾天然气评价单元几乎未被勘探，而 Austin-Tokio-Eutaw 上倾油气评价单元已经发现了较大的油田，因此其模式降至 100×10^4 bbl 油当量。

天然气的中位数估计为 120×10^8 ft^3，这与估计的石油中位数 200×10^4 bbl 油当量相对应，因为天然气与石油的体积当量约为 6∶1。这表明预期的油气储量规模大致相等。这个中位数是美国地质调查局 USGS 惯例中用于天然气聚集体的最小尺寸，即 3×10^8 ft^3 的四倍。Austin-Tokio-Eutaw 油气评价单元只有两个油田的储量超过 100×10^8 ft^3，但最近的发现的油田储量约为 15×10^8 ft^3。最大的天然气储量为 240×10^8 ft^3，这也显示了与估计的 4000×10^4 bbl 油当量的石油大小的 6∶1 比例。

美国地质勘探局 USGS 评估了上侏罗纪—白垩纪—第三纪复合 TPS 的四个评价单元中未发现技术开采的油气资源（Pearson et al.，2011）。在常规资源方面，Austin-Tokio-Eutaw 上倾油气评价单元的资源量估计为：（1）2000×10^4 bbl 油当量（MMBO）、530×10^8 ft^3 天然气和大约 100×10^4 bbl 液化天然气；（2）Austin-Eutaw 中倾油气评价单元为 4500×10^4 bbl 油当量、677×10^8 ft^3 天然气和 6600×10^4 bbl 液化天然气；（3）Austin Downdip 天然气评价单元为 1300×10^4 bbl 油当量、1.6×10^{12} ft^3 天然气和 1.9×10^8 bbl 液化天然气。奥斯白垩系常规资源总储量为 780×10^4 bbl 当量、2.3×10^{12} ft^3 天然气和 2.57×10^8 bbl 液化燃气液。对于连续资源，美国地质调查局估计 Austin Pearsall-Giddings 地区油气评价单元的平均资源量为 8.79×10^8 bbl 石油、1.3×10^{12} ft^3 天然气和 1.06×10^8 bbl 液化天然气（Pearson et al.，2011）。

2.6　小结

上白垩统 Austin 白垩系属于低孔隙度和低渗透率的油气藏，具备双孔特征，主要依靠相互连接的裂缝网络实现油气开采。水平钻井大幅增加了油气产量。阿肯色州的 Tokio 和 Eutaw 地层、密西西比州、路易斯安那州和佛罗里达州地层与 Austin 白垩系部分地层沉积时间相当，代表了从西部白垩沉积环境到东部含砂量更高、碎屑更丰富的沉积环境的变化。

渐新世至中新世早期，墨西哥湾沿岸盆地的下沉，形成了与断层和局部拱起相关的大型平型走向断裂系统。侏罗纪卢安盐的运动也促进了断裂的形成，断裂的形成与盐相关的结构有关。在分析该地区石油和天然气产量及预测未发现的储量时，与断层和断裂形成构造的总体接近程度至关重要。

Eagle Ford 页岩是 Austin 白垩系烃类的主要生油岩，是上侏罗纪—白垩纪—第三纪复合总石油系统的组成部分。海相页岩主要含亲油干酪根，在大部分研究区域热成熟。整个地区的源岩质量可能不一致，一些储层可能含有侏罗纪来源的油气。

　　Eagle Ford 的烃类生成可能开始于中新世早期。将石油和天然气输送到 Austin 只需直接向上运移。向上运移的油气沿着与岩层平行的路线穿过 Eagle Ford 或者 Austin 白垩系。其他来源的油气，如 Smack，则需要更加复杂的运移路线，如沿与盐构造相关的非密封断层。裂缝的形成早于石油和天然气的生成和运移，这使得烃类物质得以进入储层。

　　Austin 白垩系、Tokio 和 Eutaw 地层中存在几种类型的圈闭构造。圈闭机制在很大程度上控制着烃类的聚集大小和分布。较小的局部圈闭，如断层段和与盐构造相关的小型结构，导致较小、更明显的常规聚集。大型裂缝网络导致连续聚集，而大面积背斜等构造提高了连续储层的生产潜力。

　　美国地质调查局对墨西哥湾沿岸地区（包括陆地部分和州内水域）的 Austin 白垩系未发现资源进行了评估（Pearson et al.，2011）。研究区域被分为四个评估单元，包括 Austin 白垩系、Tokio 和 Eutaw 地层。评估单元的划分基于当地地质、圈闭类型、生产趋势、累计产量、估计最终可采储量、储层特征及该地区是在常规储层还是连续储层中生产石油和天然气。

　　根据这些标准，对未发现的储量进行了评估（Pearson et al.，2011）。研究区上倾区预计未发现的资源量较小，新油田发现较少。由于陆架边缘的大部分地区仍未勘探，中倾区可能具有低等到中等的未发现油气的潜力。在研究区域的下倾部分，未发现的天然气聚集体的潜力为中等至较高，预计油田规模为较小至中等。皮尔斯尔—吉丁斯地区（图 2-12 至图 2-14）被评估为连续的聚集区。如果存在其他裂缝，未来的生产可能会扩展到"甜点"区之外；如果"甜点"区之外没有良好的裂缝渗透性，则可能仅限于填充钻井。总体而言，该评价单元具有中至高的潜力。

第 3 章　水平井钻完井

页岩油气和致密油气等非常规油气开发主要采用水平井钻完井方式，水平井能够大幅增加井筒与储层接触面积，使天然裂缝连接充分，从而提高开发效果。致密油气储层中裂缝发育，且大量游离在储层天然裂缝中，在使用水平井的过程中要尽可能地穿过储层及其裂缝。除此之外，水平井钻完井方式能够提升压裂产量，水平井眼压裂时裂缝会和井筒垂直交错，最终能够有效提升压裂增产效果。最后，水平井产能远高于直井，能够有效提升单井开发效果并摊薄钻井成本。

3.1　钻井垂深

图 3-1 为 Austin Chalk 致密油气藏历年完钻井垂深散点分布图。2006—2020 年，该油气藏完钻水平井 1335 口，历年完钻井垂深范围为 378～4910 m，其中埋深小于 2000 m 范围完钻井数量仅为 267 口、埋深为 2000～3500 m 的中深层完钻井 687 口、埋深超过 3500 m 的深层完钻井 381 口。Austin Chalk 致密油气藏垂深涵盖浅层、中深层和深层，统计完钻井平均完钻垂深 2920 m、P25 完钻垂深 2171 m、P50 完钻垂深 3150 m、P75 完钻垂深 3605 m、M50 完钻垂深 3040 m。不同年份水平井完钻垂深分布稳定，无明显增加或下降趋势。

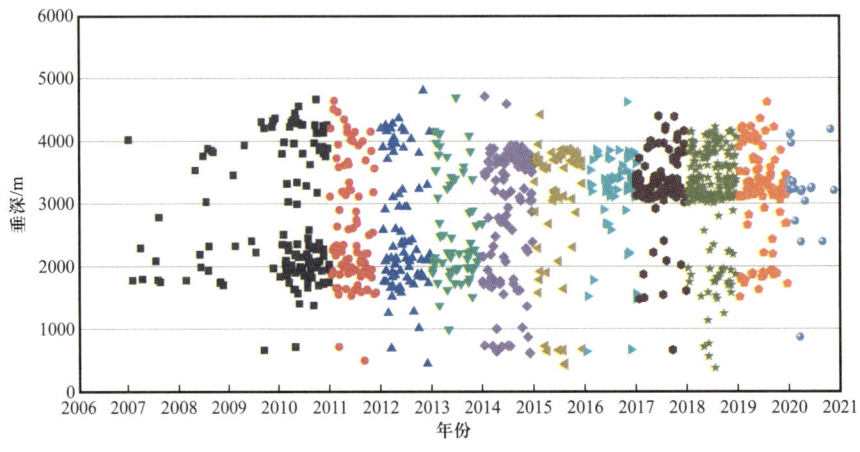

图 3-1　Austin Chalk 致密油气藏钻井垂深散点分布图

图 3-2 为 Austin Chalk 致密油气藏完钻井垂深统计分布图，按照 500 m 垂深间距对所有油气井完钻垂深进行统计。根据统计分布图可知，垂深小于 500 m 的完钻井 9 口，统

计占比 1%；垂深 500～1000 m 的完钻井 36 口，统计占比 3%；垂深 1000～1500 m 的完钻井 19 口，统计占比 1%；垂深 1500～2000 m 的完钻井 203 口，统计占比 15%；垂深 2000～2500 m 的完钻井 172 口，统计占比 13%；垂深 2500～3000 m 的完钻井 96 口，统计占比 7%；垂深 3000～3500 m 的完钻井 419 口，统计占比 31%；垂深 3500～4000 m 的完钻井 275 口，统计占比 21%；垂深 4000～4500 m 的完钻井 93 口，统计占比 7%；垂深 4500～5000 m 的完钻井 13 口，统计占比 1%。

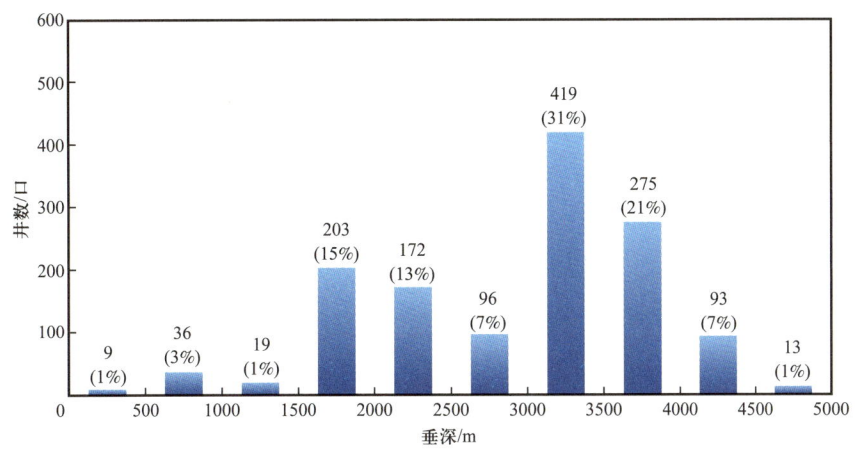

图 3-2　Austin Chalk 致密油气藏钻井垂深统计分布图

将 Austin Chalk 致密油气藏不同年度完钻井垂深进行统计分析，利用 P25 和 P75 统计垂深作为完钻垂深上下限值，同时结合 P50 完钻垂深绘制不同年度垂深学习曲线。图 3-3 给出了 Austin Chalk 致密油气藏不同年度完钻垂深学习曲线。根据完钻垂深学习曲线可知，2011 年以前统计完钻井 295 口，平均完钻垂深 2660 m、P25 完钻垂深 1994 m、P50 完钻垂深 2466 m、P75 完钻垂深 3284 m。2011 年统计完钻井 92 口，平均完钻垂深 2618 m、P25 完钻垂深 1919 m、P50 完钻垂深 2268 m、P75 完钻垂深 3449 m。2012 年统计完钻井 85 口，平均完钻垂深 2579 m、P25 完钻垂深 1859 m、P50 完钻垂深 2138 m、P75 完钻垂深 3298 m。2013 年统计完钻井 63 口，平均完钻垂深 2635 m、P25 完钻垂深 1975 m、P50 完钻垂深 2242 m、P75 完钻垂深 3424 m。2014 年统计完钻井 135 口，平均完钻垂深 2979 m、P25 完钻垂深 2189 m、P50 完钻垂深 3509 m、P75 完钻垂深 3697 m。2015 年统计完钻井 82 口，平均完钻垂深 2993 m、P25 完钻垂深 2679 m、P50 完钻垂深 3641 m、P75 完钻垂深 3767 m。2016 年统计完钻井 71 口，平均完钻垂深 3121 m、P25 完钻垂深 3113 m、P50 完钻垂深 3302 m、P75 完钻垂深 3524 m。2017 年统计完钻井 124 口，平均完钻垂深 3274 m、P25 完钻垂深 3136 m、P50 完钻垂深 3253 m、P75 完钻垂深 3455 m。2018 年统计完钻井 227 口，平均完钻垂深 3129 m、P25 完钻垂深 3092 m、P50 完钻垂深 3175 m、P75 完钻垂深 3612 m。2019 年统计完钻井 121 口，平均完钻垂深 3147 m、P25 完钻垂深 3108 m、P50 完钻垂深 3227 m、P75 完钻垂深 3468 m。2020 年统计完钻井 32 口，平均完钻垂深 3220 m、P25 完钻垂深 3206 m、P50 完钻垂深 3264 m、P75 完钻垂深 3337 m。

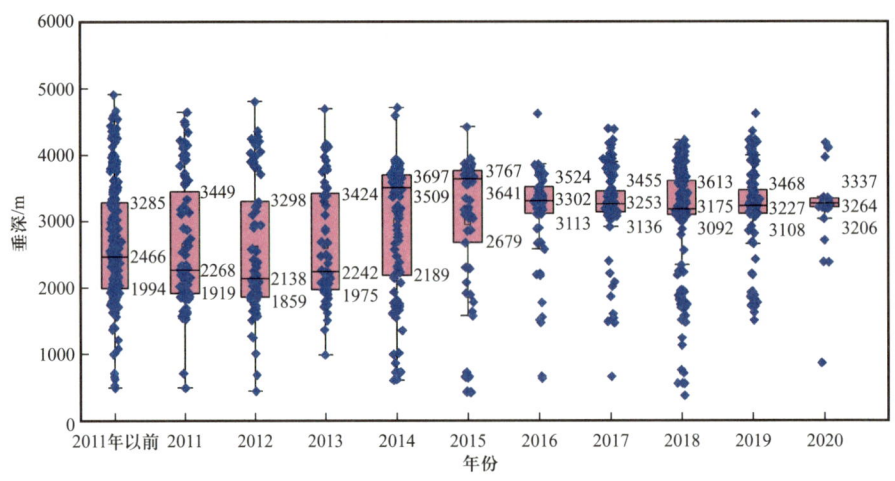

图 3-3　Austin Chalk 致密油气藏钻井垂深学习曲线

Austin Chalk 致密油气藏完钻井垂深学习曲线显示，不同年度水平井完钻垂深 P25 和 P75 统计值保持相对稳定趋势。2014 年以前，P50 完钻垂深分布在 2138～2466 m 区间，2014 年以后迅速增加至 3175～3641 m，目前该油气藏钻完井集中在中深层区域。

3.2　水平段长

水平段长通常是指从着陆点（A 点，一般是指钻入预定油层组位，井斜达到基本水平的点）到完钻井深（B 点）的长度。水平井钻完井作为页岩油气藏开发的核心技术之一，主要是通过在页岩储层内水平井眼轨迹增加井筒与储层的接触面积。水平段长是水平井钻完井的关键参数，直接反映了钻完井和压裂工程技术水平，也是水平井产量的重要影响因素。长水平段水平井能够一定程度上减小开发井数、平台数、钻完井和压裂成本，提高单井开发效果。随着钻完井和压裂技术不断进步，页岩油气藏钻完井水平段长呈持续增加趋势。

水平段长是页岩油气藏开发的关键钻井工程技术指标，直接决定单井最终可采储量和气藏部署井数。水平段长学习曲线是页岩油气藏开发的关键指标学习曲线。Austin Chalk 致密油气藏历年许可井型包括油井、油气井和气井。本节对整个致密油气藏的总体水平段长、分许可井型和分埋深水平段长进行了统计和趋势分析。

图 3-4 为 Austin Chalk 致密油气藏历年完钻井水平段长散点分布图。2006—2020 年，该油气藏完钻水平井 1127 口。历年完钻井水平段长范围 226～3869 m，统计完钻井平均水平段长 1515 m、P25 完钻水平段长 1180 m、P50 完钻水平段长 1518 m、P75 完钻水平段长 1814 m、M50 完钻水平段长 1507 m。2010 年以前，Austin Chalk 致密油气藏完钻井水平段长低于 2000 m，2010 年以后水平段长呈小幅上升趋势，2017 年以后已有大量完钻井水平段长超过 2000 m。

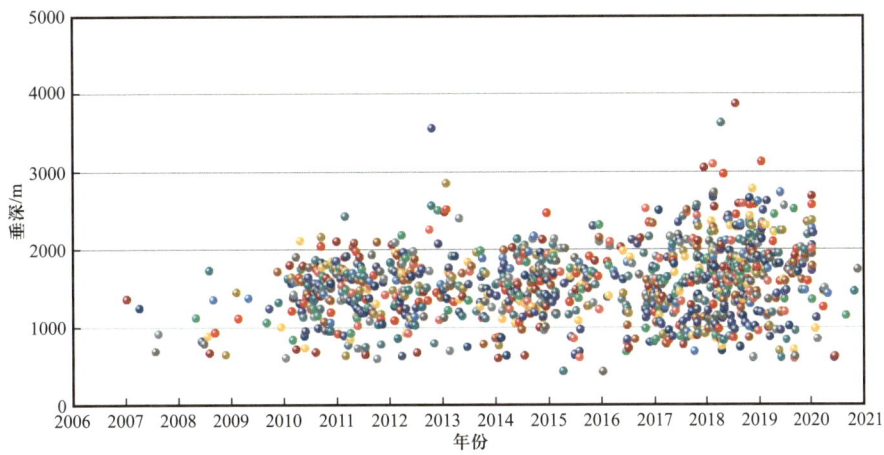

图 3-4 Austin Chalk 致密油气藏水平段长散点分布图

将 Austin Chalk 致密油气藏所有完钻井水平段长按 500 m 区间进行区间统计分析，图 3-5 为完钻井水平段长统计分布图。水平段长小于 500 m 的完钻井 11 口，统计占比 1%。水平段长 500~1000 m 的完钻井 157 口，统计井数占比 14%。水平段长 1000~1500 m 的完钻井 384 口，统计井数占比 34%。水平段长 1500~2000 m 的完钻井 416 口，统计井数占比 37%。水平段长 2000~2500 m 的完钻井 123 口，统计井数占比 11%。水平段长超过 2500 m 的完钻井 36 口。Austin Chalk 致密油气藏完钻井水平段长主体分布在 1000~2000 m，完钻井数占比超 71%。

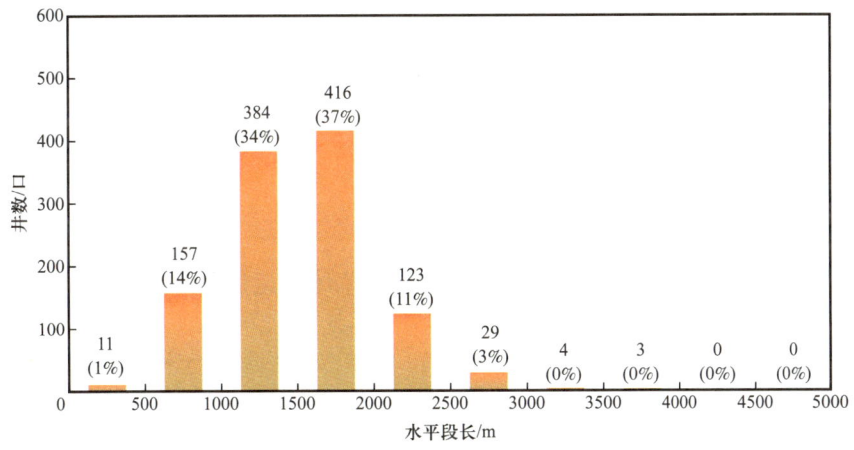

图 3-5 Austin Chalk 致密油气藏水平段长统计分布图

将 Austin Chalk 致密油气藏不同年度完钻井水平段长进行统计分析，利用 P25 和 P75 统计值作为水平段长上下限值，同时结合 P50 水平段长绘制不同年度水平段长学习曲线。图 3-6 给出了 Austin Chalk 致密油气藏不同年度完钻井水平段长学习曲线。根据完钻水平段长学习曲线可知，2011 年以前统计完钻井 200 口，平均水平段长 1210 m、P25 水平段长 929 m、P50 水平段长 1211 m、P75 水平段长 1544 m。2011 年统计完钻井 83 口，平均水平段长 1421 m、P25 水平段长 1183 m、P50 水平段长 1457 m、P75 水平段长 1696 m。2012 年统计完钻井 75 口，平均水平段长 1549 m、P25 水平段长 1248 m、P50 水平段长 1511 m、P75 水平段长 1791 m。2013 年统计完钻井 54 口，平均水平段长 1535 m、P25 水平段长 1284 m、P50 水平段长 1505 m、P75 水平段长 1718 m。2014 年统计完钻井 117 口，平均水平段长 1514 m、P25 水平段长 1288 m、P50 水平段长 1550 m、P75 水平段长 1741 m。2015 年统计完钻井 72 口，平均水平段长 1544 m、P25 水平段长 1320 m、P50 水平段长 1536 m、P75 水平段长 1826 m。2016 年统计完钻井 66 口，平均水平段长 1524 m、P25 水平段长 1235 m、P50 水平段长 1480 m、P75 水平段长 1829 m。2017 年统计完钻井 121 口，平均水平段长 1549 m、P25 水平段长 1165 m、P50 水平段长 1540 m、P75 水平段长 1897 m。2018 年统计完钻井 216 口，平均水平段长 1679 m、P25 水平段长 1300 m、P50 水平段长 1678 m、P75 水平段长 1983 m。2019 年统计完钻井 94 口，平均水平段长 1732 m、P25 水平段长 1377 m、P50 水平段长 1788 m、P75 水平段长 2125 m。2020 年统计完钻井 26 口，平均水平段长 1601 m、P25 水平段长 1286 m、P50 水平段长 1681 m、P75 水平段长 1986 m。

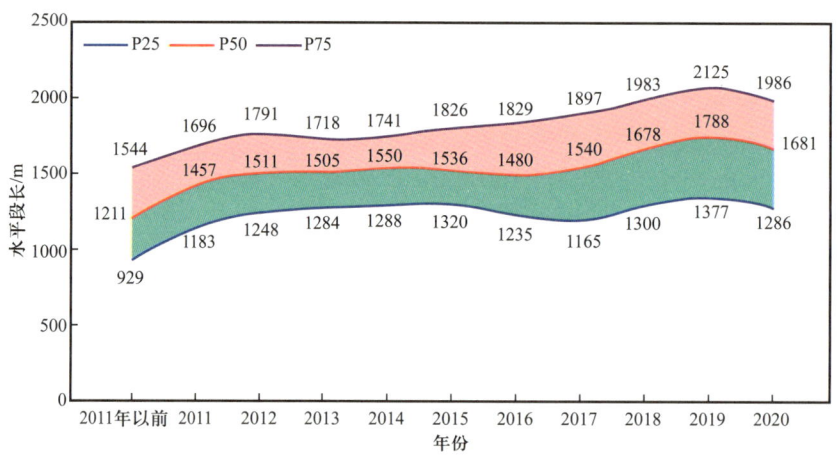

图 3-6 Austin Chalk 致密油气藏水平段长学习曲线

Austin Chalk 致密油气藏历年完钻井水平段长总体呈逐年小幅上升趋势，P50 水平段长由 2011 年以前 1211 m 稳步增加至 2020 年 1681 m。

3.3 钻井测深

水平井测深指井口（转盘面）至测点的井眼实际长度，也常被称为斜深或测量深度。水平井测深一定程度上反映了现有钻完井和水力压裂设备的作业能力。通常，随水平井测深增加，钻完井和水力压裂施工作业难度随之增加，在现有设备作业能力、施工作业难度、作业风险、开发效果和经济效益之间存在一个最优平衡点。

图 3-7 为 Austin Chalk 致密油气藏历年完钻井测深散点分布图。2006—2020 年，该油气藏完钻水平井 1560 口。历年完钻井测深范围为 488～6969 m，统计完钻井平均测深

4269 m、P25 完钻测深 3401 m、P50 完钻测深 4396 m、P75 完钻测深 5363 m、M50 完钻测深 4379 m。2010 年以前，Austin Chalk 致密油气藏完钻井测深低于 6000 m，2010 年以后呈小幅上升趋势，2017 年以后已有大量完钻井测深超过 6000 m。

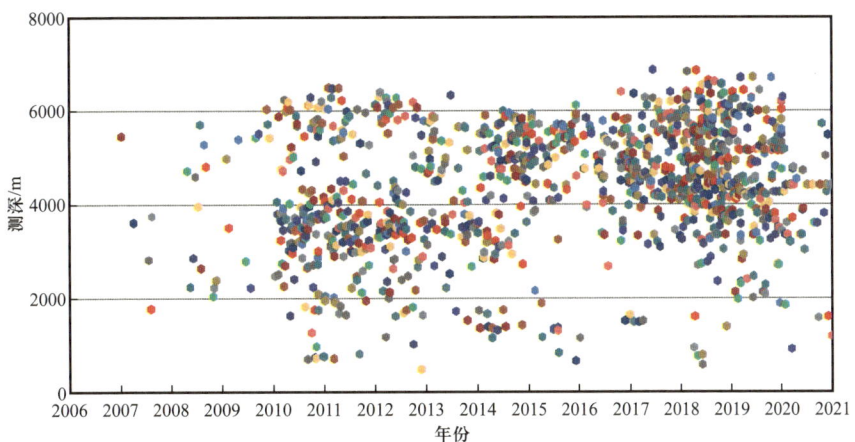

图 3-7　Austin Chalk 致密油气藏钻井测深散点分布图

将 Austin Chalk 致密油气藏所有完钻井测深按 1000 m 区间进行区间统计分析，图 3-8 为完钻井测深统计分布图。测深小于 1000 m 的完钻井 24 口，统计占比 2%。测深 1000～2000 m 的完钻井 73 口，统计井数占比 5%。测深 2000～3000 m 的完钻井 161 口，统计井数占比 10%。测深 3000～4000 m 的完钻井 366 口，统计井数占比 23%。测深 4000～5000 m 的完钻井 397 口，统计井数占比 25%。测深 5000～6000 m 的完钻井 432 口，统计井数占比 28%。测深 6000～7000 m 的完钻井 107 口，统计井数占比 7%。

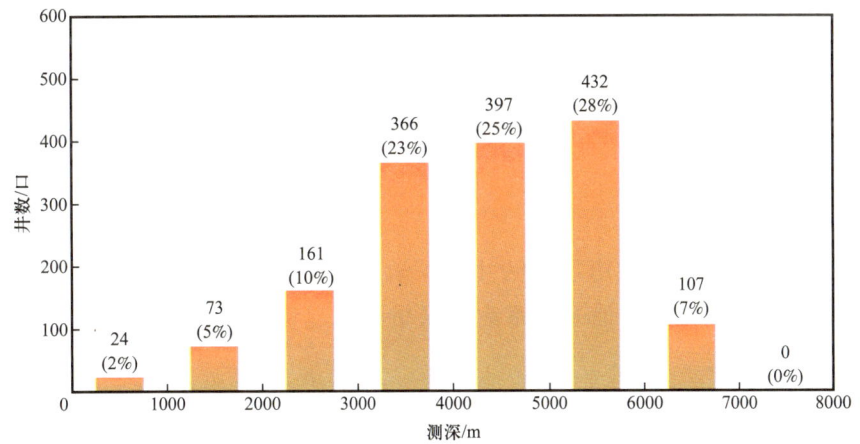

图 3-8　Austin Chalk 致密油气藏钻井测深统计分布图

将 Austin Chalk 致密油气藏不同年度完钻井测深进行统计分析，利用 P25 和 P75 统计值作为测深上下限值，同时结合 P50 测深绘制不同年度测深学习曲线。图 3-9 给出了 Austin Chalk 致密油气藏不同年度完钻井测深学习曲线。根据完钻测深学习曲线可知，

2011年以前完钻井405口、平均完钻测深3766 m、P25完钻测深2612 m、P50完钻测深3623 m、P75完钻测深4986 m。2011年统计完钻井101口、平均完钻测深3813 m、P25完钻测深3078 m、P50完钻测深3541 m、P75完钻测深4504 m。2012年统计完钻井92口、平均完钻测深3920 m、P25完钻测深3092 m、P50完钻测深3607 m、P75完钻测深5158 m。2013年统计完钻井58口、平均完钻测深4192 m、P25完钻测深3471 m、P50完钻测深4052 m、P75完钻测深5112 m。2014年统计完钻井126口、平均完钻测深4520 m、P25完钻测深3671 m、P50完钻测深4772 m、P75完钻测深5462 m。2015年统计完钻井77口、平均完钻测深4686 m、P25完钻测深4221 m、P50完钻测深5006 m、P75完钻测深5504 m。2016年统计完钻井71口、平均完钻测深4639 m、P25完钻测深4240 m、P50完钻测深4873 m、P75完钻测深5344 m。2017年统计完钻井127口、平均完钻测深4852 m、P25完钻测深4309 m、P50完钻测深4811 m、P75完钻测深5563 m。2018年统计完钻井257口、平均完钻测深4664 m、P25完钻测深4013 m、P50完钻测深4633 m、P75完钻测深5533 m。2019年统计完钻井166口、平均完钻测深4427 m、P25完钻测深3668 m、P50完钻测深4267 m、P75完钻测深5186 m。2020年统计完钻井72口、平均完钻测深4186 m、P25完钻测深3437 m、P50完钻测深4220 m、P75完钻测深4756 m。

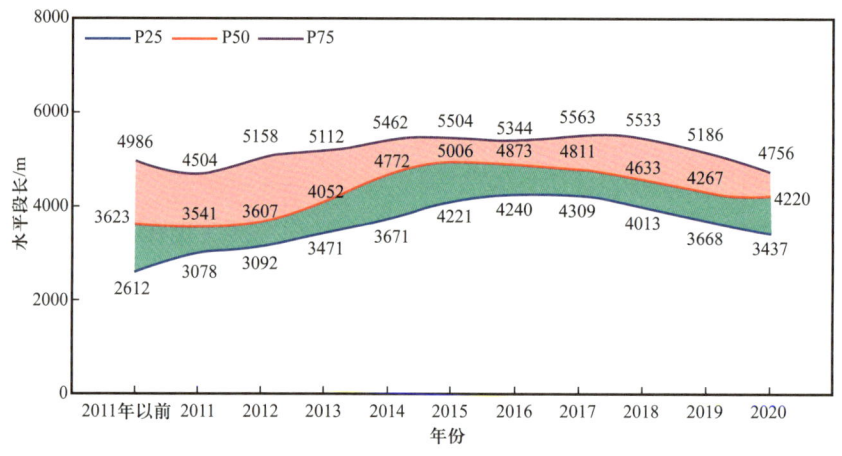

图3-9 Austin Chalk致密油气藏钻井测深学习曲线

Austin Chalk致密油气藏历年完钻井测深学习曲线显示，2015年以前P50完钻测深逐年呈增加趋势，2015年以后P50完钻测深呈下降趋势，2020年P50完钻测深下降至4220 m。

3.4 水垂比

水垂比是指水平井的水平段长与垂深的比值，高水垂比能够在相同垂深条件下获取更长的水平段长，从而提高油气藏单井开发效果和效益。随着水垂比增加，钻完井和压裂施工作业难度也随之增加。通常，根据油气藏埋深存在一个合理的水垂比范围既能够确保水平井开发效果，又能够实现钻完井和压裂等工程技术可行。

图 3-10 为 Austin Chalk 致密油气藏历年完钻井水垂比散点分布图。2006—2020 年，该油气藏完钻水平井 1124 口。历年完钻井水垂比范围为 0.07~1.70，统计完钻井平均水垂比 0.53、P25 完钻水垂比 0.38、P50 完钻水垂比 0.48、P75 完钻水垂比 0.65、M50 完钻水垂比 0.49。2010 年以前，Austin Chalk 致密油气藏完钻井水垂比低于 0.50，2010 年以后水垂比呈上升趋势，2017 年以后已有大量完钻井水垂比超过 1.0。

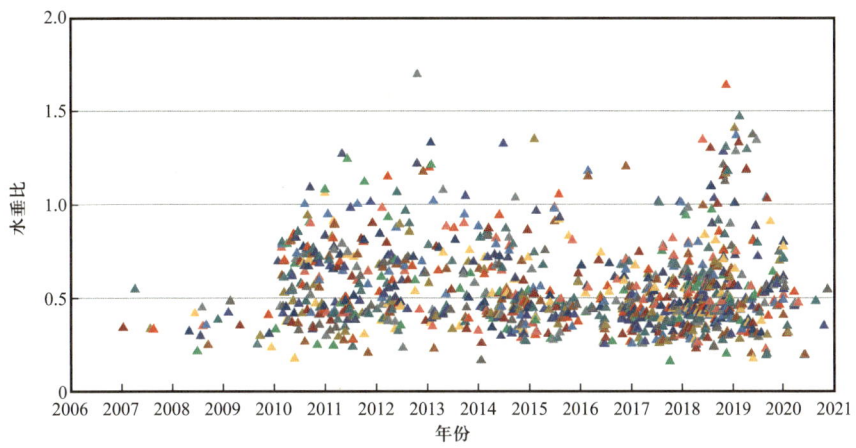

图 3-10　Austin Chalk 致密油气藏钻井水垂比散点分布图

将 Austin Chalk 致密油气藏所有完钻井水垂比按 0.25 区间进行区间统计分析，图 3-11 为完钻井水垂比统计分布图。水垂比小于 0.25 的完钻井 46 口，统计占比 4%。水垂比 0.25~0.50 的完钻井 569 口，统计井数占比 51%。水垂比 0.50~0.75 的完钻井 344 口，统计井数占比 31%。水垂比 0.75~1.00 的完钻井 106 口，统计井数占比 9%。水垂比 1.00~1.25 的完钻井 41 口，统计井数占比 4%。水垂比 1.25~1.50 的完钻井 16 口，统计井数占比 1%。水垂比 1.50~1.75 区间完钻井 2 口。Austin Chalk 致密油气藏完钻井水垂比主体位于 0.25~0.75 区间，统计完钻井 913 口，统计占比 82%。

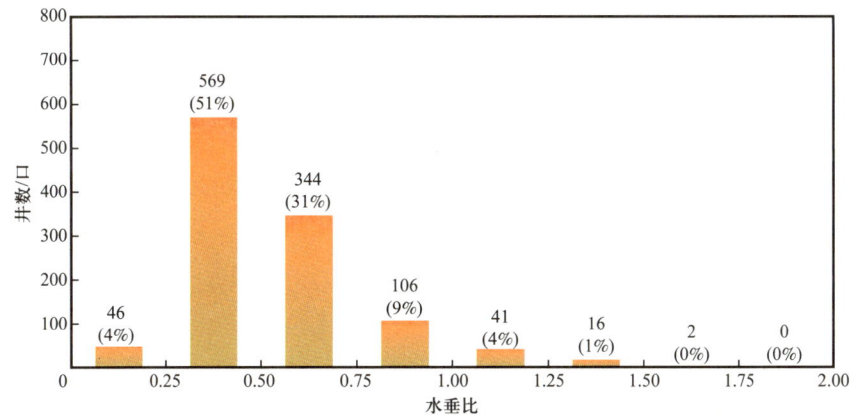

图 3-11　Austin Chalk 致密油气藏钻井水垂比统计分布图

将 Austin Chalk 致密油气藏不同年度完钻井水垂比进行统计分析,利用 P25 和 P75 统计值作为水垂比上下限值,同时结合 P50 水垂比绘制不同年度水垂比学习曲线。图 3-12 给出了 Austin Chalk 致密油气藏不同年度完钻井水垂比学习曲线。根据完钻水垂比学习曲线可知,2011 年以前统计完钻井 200 口,平均完钻水垂比 0.47、P25 水垂比 0.31、P50 水垂比 0.43、P75 水垂比 0.52。2011 年统计完钻井 83 口,平均水垂比 0.58、P25 水垂比 0.41、P50 水垂比 0.53、P75 水垂比 0.68。2012 年统计完钻井 75 口,平均水垂比 0.63、P25 水垂比 0.46、P50 水垂比 0.59、P75 水垂比 0.70。2013 年统计完钻井 54 口,平均水垂比 0.61、P25 水垂比 0.41、P50 水垂比 0.54、P75 水垂比 0.71。2014 年统计完钻井 117 口,平均水垂比 0.53、P25 水垂比 0.40、P50 水垂比 0.48、P75 水垂比 0.65。2015 年统计完钻井 72 口,平均水垂比 0.52、P25 水垂比 0.39、P50 水垂比 0.46、P75 水垂比 0.58。2016 年统计完钻井 66 口,平均水垂比 0.50、P25 水垂比 0.39、P50 水垂比 0.45、P75 水垂比 0.58。2017 年统计完钻井 121 口,平均水垂比 0.47、P25 水垂比 0.39、P50 水垂比 0.44、P75 水垂比 0.55。2018 年统计完钻井 214 口,平均水垂比 0.55、P25 水垂比 0.40、P50 水垂比 0.49、P75 水垂比 0.62。2019 年统计完钻井 94 口,平均水垂比 0.60、P25 水垂比 0.38、P50 水垂比 0.51、P75 水垂比 0.66。2020 年统计完钻井 25 口,平均水垂比 0.49、P25 水垂比 0.41、P50 水垂比 0.47、P75 水垂比 0.56。

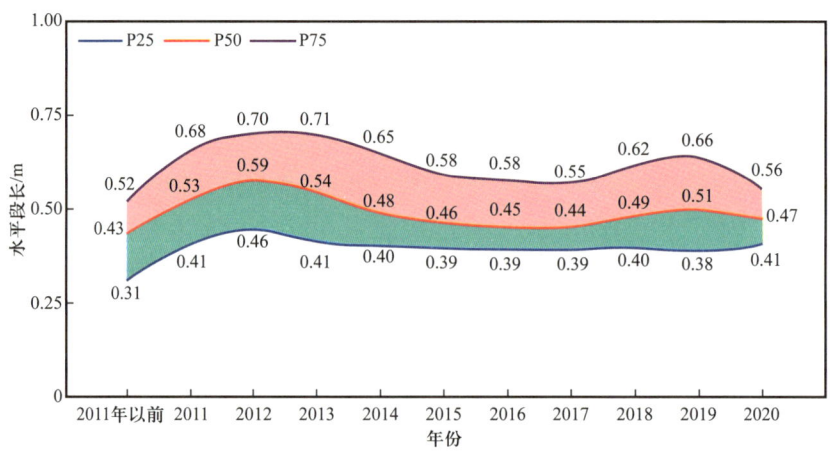

图 3-12 Austin Chalk 致密油气藏钻井水垂比学习曲线

Austin Chalk 致密油气藏完钻井水垂比整体呈相对稳定变化趋势,2011 年以前 P50 水垂比为 0.43,2012 年上升 P50 水垂比上升至历年峰值 0.59,2020 年完钻井 P50 水垂比为 0.47。

3.5 钻井周期

钻井周期是指钻井中从第一次开钻到完钻(即钻完本井设计全部进尺,井深达到地质设计要求)的全部时间,是反映钻井速度快慢的一个重要技术经济指标,是钻井井史资料中的必要数据。钻井周期不仅影响单井投产速度和气藏建产节奏，同时还直接影响钻完井成本。对于采用"日费制"钻完井工作模式的气藏，钻井周期直接决定钻完井成本。钻井周期受地层复杂程度、垂深、水平段长、水垂比、靶体层位性质、窗口范围、钻完井设备水平等多种因素影响。

图3-13为Austin Chalk致密油气藏历年完钻井钻井周期散点分布图。2006—2020年，该油气藏完钻水平井1177口。历年完钻井钻井周期范围为1~120 d，统计完钻井平均钻井周期37.7 d、P25完钻井钻井周期17.0 d、P50完钻井钻井周期31.0 d、P75完钻井钻井周期52.0 d、M50完钻井钻井周期31.5 d。

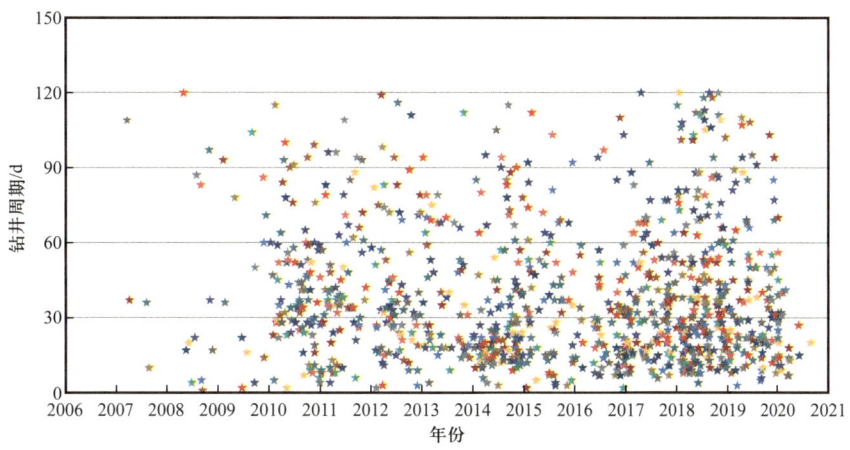

图3-13　Austin Chalk致密油气藏钻井周期散点分布图

将Austin Chalk致密油气藏所有完钻井钻井周期按15 d区间进行区间统计分析，图3-14为完钻井钻井周期统计分布图。钻井周期小于15 d的完钻井223口，统计占比19%。钻井周期15~30 d的完钻井349口，统计井数占比30%。钻井周期30~45 d的完钻井239口，统计井数占比20%。钻井周期45~60 d的完钻井136口，统计井数占比

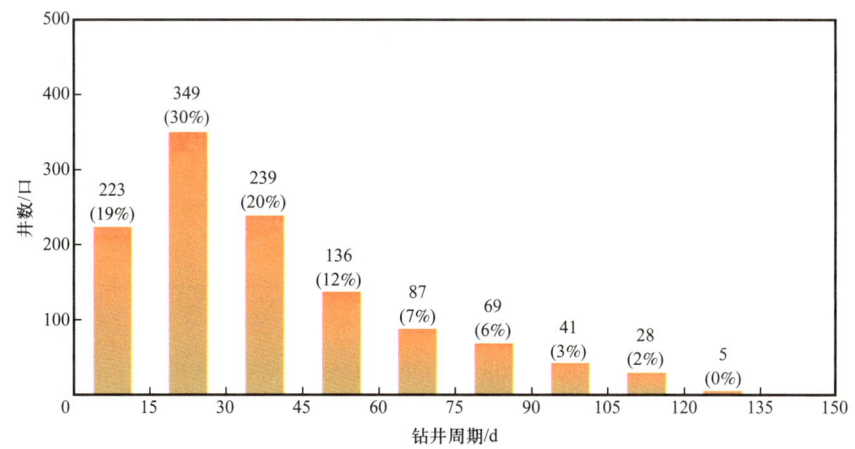

图3-14　Austin Chalk致密油气藏钻井周期统计分布图

12%。钻井周期 60～75 d 的完钻井 87 口，统计井数占比 7%。钻井周期 75～90 d 的完钻井 69 口，统计井数占比 6%。钻井周期 90～105 d 的完钻井 41 口，统计井数占比 3%。钻井周期 105～120 d 的完钻井 28 口，统计井数占比 2%。钻井周期 120～135 d 的完钻井 5 口。

将 Austin Chalk 致密油气藏不同年度完钻井钻井周期进行统计分析，利用 P25 和 P75 统计值作为钻井周期上下限值，同时结合 P50 钻井周期绘制不同年度钻井周期学习曲线。图 3-15 给出了 Austin Chalk 致密油气藏不同年度完钻井钻井周期学习曲线。根据完钻钻井周期学习曲线可知，2011 年以前统计完钻井 263 口，平均钻井周期 34.9 d、P25 钻井周期 15.5 d、P50 钻井周期 28.0 d、P75 钻井周期 48.0 d。2011 年统计完钻井 68 口，平均钻井周期 43.6 d、P25 钻井周期 28.0 d、P50 钻井周期 37.0 d、P75 钻井周期 60.3 d。2012 年统计完钻井 74 口，平均钻井周期 41.5 d、P25 钻井周期 21.5 d、P50 钻井周期 33.0 d、P75 钻井周期 56.8 d。2013 年统计完钻井 54 口，平均钻井周期 39.5 d、P25 钻井周期 19.0 d、P50 钻井周期 33.0 d、P75 钻井周期 57.5 d。2014 年统计完钻井 122 口，平均钻井周期 32.8 d、P25 钻井周期 15.0 d、P50 钻井周期 30.0 d、P75 钻井周期 51.0 d。2015 年统计完钻井 73 口，平均钻井周期 36.9 d、P25 钻井周期 15.0 d、P50 钻井周期 34.0 d、P75 钻井周期 52.0 d。2016 年统计完钻井 67 口，平均钻井周期 30.6 d、P25 钻井周期 14.5 d、P50 钻井周期 32.0 d、P75 钻井周期 48.0 d。2017 年统计完钻井 117 口，平均钻井周期 36.8 d、P25 钻井周期 20.0 d、P50 钻井周期 32.0 d、P75 钻井周期 52.0 d。2018 年统计完钻井 197 口，平均钻井周期 44.6 d、P25 钻井周期 19.0 d、P50 钻井周期 33.0 d、P75 钻井周期 55.0 d。2019 年统计完钻井 106 口，平均钻井周期 40.5 d、P25 钻井周期 19.0 d、P50 钻井周期 31.5 d、P75 钻井周期 55.0 d。2020 年统计完钻井 32 口，平均钻井周期 25.5 d、P25 钻井周期 18.0 d、P50 钻井周期 28.0 d、P75 钻井周期 53.8 d。

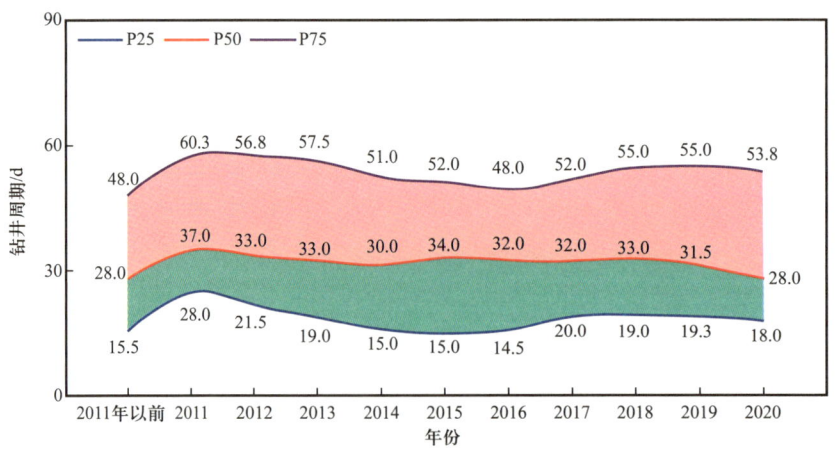

图 3-15 Austin Chalk 致密油气藏钻井周期学习曲线

Austin Chalk 致密油气藏钻井周期整体呈稳定趋势，P50 钻井周期稳定分布在 28～37 d 区间，2020 年 P50 钻井周期为 28 d。

3.6 小结

本章主要针对 Austin Chalk 致密油气藏水平井钻完井指标进行了统计分析，包括钻井垂深、水平段长、钻井测深、水垂比和钻井周期。图 3-16 为钻完井指标相关系数矩阵图，水平井垂深和测深对机械钻速有微小影响。钻井周期主要受水平井测深、垂深和水平段长的影响，其中测深是影响钻井周期的主要因素。

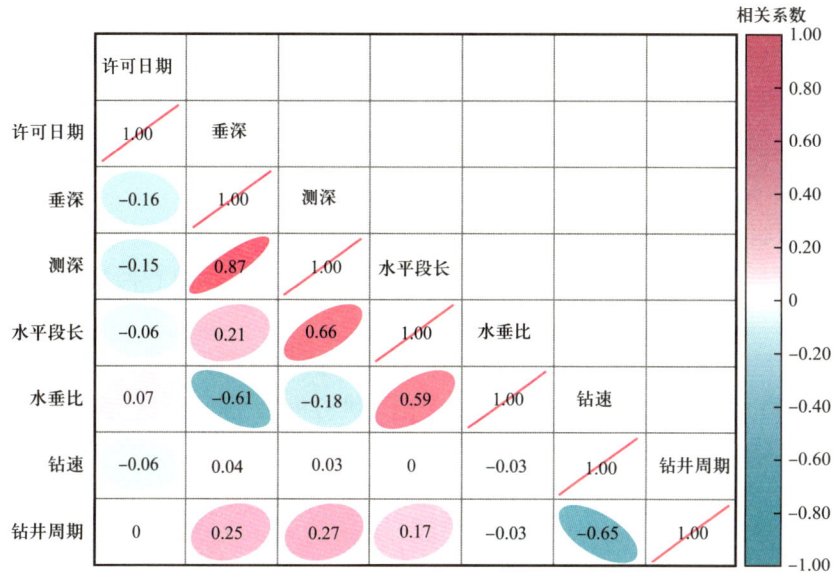

图 3-16 Austin Chalk 致密油气藏钻井指标影响因素相关系数矩阵图

表 3-1 为 Austin Chalk 致密油气藏历年钻完井指标统计表，钻井垂深呈逐年增加趋势，2020 年 P50 钻井垂深达到 3264 m，显示该致密油气藏开发由初期中浅层区域向深层区域拓展。水平段长总体呈逐年增加趋势，2011—2020 年，P50 水平段长分布在 1457～1788 m。钻井测深呈下增加后下降趋势，2015 年 P50 钻井测深达到峰值 5206 m，2020 年 P50 钻井测深 4420 m。完钻井水垂比总体保持稳定，P50 水垂比稳定在 0.44～0.59 区间。钻井周期同样呈相对稳定趋势，P50 钻井周期分布在 22～37 d 区间。

表 3-1 Austin Chalk 致密油气藏钻完井指标统计表

年份	2011 年以前	2011	2012	2013	2014	2015	2016	2017	2018	2019	2020
垂深 /m	2466	2268	2138	2242	3509	3641	3302	3253	3175	3227	3264
水平段长 /m	1211	1457	1511	1505	1550	1636	1480	1540	1678	1788	1481
测深 /m	3623	3541	3607	4052	4972	5206	4873	4811	4633	4267	4420
水垂比	0.43	0.50	0.59	0.54	0.48	0.46	0.45	0.44	0.49	0.51	0.47
钻井周期 /d	28.0	37.0	33.0	33.0	22.0	34.0	23.0	32.0	33.0	31.5	22.0

第4章　水平井分段压裂

水平井分段压裂储层改造技术是页岩油气和致密油气等非常规油气资源实现规模效益开发的两大关键技术之一，通常利用封隔器或桥塞分段实施逐段压裂，可在水平井筒中压开多条裂缝从而有效改造储层并提高单井产量。非常规油气储层具有低孔特征和极低的基质渗透率，因此压裂是开发的主体技术。目前，北美逐渐形成了以水平井套管完井、分簇射孔、快速可钻式桥塞封隔、大规模滑溜水或"滑溜水＋线性胶"分段压裂、同步压裂为主，实现以"体积改造"为目标的压裂主体技术。

随着工厂化作业模式日趋成熟，水平井分段压裂技术得以广泛应用，在形成一条或多条主裂缝同时，通过多簇射孔、高排量、大液量、低黏液体及转向材料应用，实现对天然裂缝、岩石层理的沟通，并在主裂缝的侧向强制形成次生裂缝，并在次生裂缝上继续分支形成次生裂缝。通过构建主裂缝与次生裂缝形成的复杂裂缝网络系统实现裂缝与基质接触面积最大化，实现储层在长、宽、高三维方向的全面改造，最终提高页岩油气和致密油气水平井单井产量。

非常规油气压裂技术包含水平井分段压裂技术、同步压裂技术和连续油管分层压裂工艺技术。有效开采的主体技术是水平井分段压裂技术。水平井分段压裂技术有多种，如水力喷射分段压裂技术、双封单卡分段压裂技术等。水力喷射分段压裂是射孔、压裂、隔离一体化增产措施，不需要封隔器，可以实现一趟管柱多段压裂，这样不但可以提高效率和增强安全性，也可以减少施工风险，从而降低伤害和成本。水力喷射分段压裂技术的技术难点有喷砂射孔参数的计算、喷射起裂、水力封隔、喷射压裂工具的使用。水力喷射分段压裂的关键在于控制喷射压力和环空压力排量。水力喷射分段压裂技术的原理是根据伯努利原理，通过将压力能转化为动能，通过在施工管柱上安装的水力喷射工具，使其高速流体的冲击作用在地层上形成一个或多个喷射孔道，从而产生裂缝，从而实现压裂。该项技术在全世界范围内应用十分广泛并且发展快速，在世界各国得到了很好的应用。

同步压裂技术是指在非常规油气开采过程中实行两口或以上的配对井一起进行压裂。同步压裂采用的是将压力液及支撑剂在一定高压下，从这口井到另一口井移动距离最小的方式，通过增强水力压裂裂缝网络的表面积和密度，借助井与井之间的相互连通的优点从而增加工作区裂缝的程度和强度，最大限度地连通天然裂缝。同步压裂技术借助相邻井同时压裂期间产生的应力干扰，从而造出更多网络裂缝、改造更大的储层体积。同步压裂技术由最初的两口相互接近并且深度大致一样的水平井之间的同时压裂，到现在已经发展成四口井同时压裂。同步压裂在短期内的增产效果十分显著，并且对工作环境影响相对较小、速度快、节约压裂的成本，是开采过程中常用的压裂技术。

连续油管分层压裂技术是目前所有压裂工艺中，效率最高、成本最低的，是将定位、射孔、压裂、层间隔离于一体，将会是今后油气藏改造最具竞争力的技术。连续油管分层压裂技术是应用在直井的压裂作业技术。该技术适合具有多个薄油、气层的直井进行逐层压裂工作，主要有以下优点：起下压裂管柱快，可以大量缩短作业时间；可以单井工作，成本低；可以在平衡不足的条件下进行施工作业，从而减少甚至避免对油气层的伤害；可以使每个小层都能压裂改造，提高井的增产效果。其工作原理主要是通过提升直井段的压裂效果，使得页岩气新生成较多的人工裂缝，从而提升储层渗透率。这一技术已经在各大气田取得了广泛的应用，并取得了较好的效果。

压裂液体系是水平井分段压裂供给技术中的关键组成部分。压裂液就是对天然气层进行压裂和改造时采用的一种液体，是由多种化学添加剂按一定配比混合形成的非均质不稳定化学体系，它的相关作用就是将设备产生的高压传递到地层中，从而让地层破裂产生裂缝并通过裂缝输送支撑剂。压裂液在不同阶段有不同的作用，也有许多不同的类型，主要包括滑溜水压裂液、清水压裂液和纤维素压裂液等体系。

滑溜水压裂液属于水基压裂液的一种，这种压裂液中包含大量混砂水和部分添加剂，减阻剂是其最核心最关键的添加剂。滑溜水压裂液通常应用在储层天然裂缝脆性较高且黏土矿物含量相对较少的页岩储层。它的主要优势在于摩擦阻力较低、黏度较低，并且相关成本也比较低，对地层的伤害小，支撑剂的用量也较少。

清水压裂液主要应用在清水压裂技术（又称减阻水压裂技术），在这种压裂液中，水占大多数部分，然后在其中添加少量的减阻剂、表面活性剂和黏土稳定剂。清水压裂液也是清洁型压裂液的一种，清水压裂液主要应用于脆性较高、水敏性较弱的地层。因为其对储层伤害较小且成本偏低，在与常规的冻胶压裂液相对比中，清水压裂液明显更占优势。另外清水压裂液具有出众的环保性和清洁性，凭借这两点得到了各界社会的关注。自20世纪末以来，清水压裂液就在页岩气的开采开发中得到了广泛的使用，也是当前比较热门的研究方向。

纤维素压裂液，顾名思义就是在压裂液中加入一些纤维物质，一般是添加纤维素衍生物或纤维材料。通过加入纤维物质，从而使压裂液的携砂能力得以提升，并且有效地控制住稠化剂残渣的产生，从而大大减少对地层的损害。纤维素压裂液中需要添加网状纤维结构，从而加强对沙粒下沉阻力的有效控制、稳定性平衡的实现，全面地加强了裂缝的导流效率，大大保障和提升了页岩气的产能。

水平井分段压裂技术的发展方向包括压裂施工效率的提升、电动泵压裂技术的应用、页岩气渗流条件的改善和页岩气压裂对环境影响的降低。开采成本的提升会在一定程度上制约着页岩气的开发。因此，提升压裂施工的效率和质量、降低开采的成本对压裂技术的发展具有重要影响。通过研究，开发水平井时，把压裂段数变成少、精、准是提升页岩气压裂施工效率和质量的重要方式。为了提升压裂作业的效率，防止出现无效的压裂作业，国内外均对有效识别断层、出水层段等监测技术进行了相应的研究和分析。但是，从现阶段开发和应用的现状出发，想要更加准确地进行压裂，还需要对该项技术进行更加深层次的研究和分析。

电动泵压裂技术是压裂泵系统从"机械驱动时代"迈向"电动、数字控制、绿色环保、智能化时代"的关键发展方向，其研究意义重大。该技术融合了机电一体化及电机直驱技术，将电机与压裂泵设计成一体化结构，并采用电机顶置方式驱动压裂泵。它以电力系统为动力源，依靠火力发电和电网提供能源，通过电力驱动实现向地层注入高压液体，从而取代了传统的柴油机、变矩器和变速箱。与传统压裂方式相比，电动压裂泵具有压裂成本相对较低、环保、智能化程度高、噪声低等诸多优势。

在压裂过程中，嵌入支撑剂在一定程度上降低了裂缝的导流能力和水平。但是高速通道压裂技术转变了传统的压裂理念和方式，有效结合完井技术、填砂技术等，合理加入支撑剂，使页岩气的渗流状态更加完善。此项技术广泛地应用到世界的各个地区。根据统计结果显示，和正常的压裂相比，高速通道压裂技术能够提升资源的开采效率和产量。水平井能够完善页岩气的渗流状态。但是和水平井相比，复杂结构井更具有优势。因此，把复杂结构井作为关键的技术是开发非常规油气资源的高效方式。在试验水平井压裂技术时，运用双分支水平井能够使页岩气的产量提升近百分之二十，但是成本却能降低近百分之三十，展现出了水平井压裂技术的巨大潜力。在进行页岩气开采的过程中，双分支或多分支的复杂结构井均成为非常规油气压裂的发展趋势。

水平井分段压裂措施会消耗大量水资源，进而造成水资源的紧张。根据相关统计，压裂液会对生态环境产生一定的影响，间接地破坏生态环境。因为在进行压裂时，会有超过80%的压裂液不能进行返排。另外，由于压裂液中有杀菌剂、阻垢剂和润滑剂等化学药品，就会严重污染饮用水。在此情况下，降低压裂对环境的影响是压裂技术发展趋势。同时，在开发过程中发展无水压裂技术已经成为重要发展方向。

非常规油气水平井分段压裂关键参数包括压裂水平段长、单井压裂段数、压裂支撑剂量、压裂液量、平均段间距、簇间距、加砂强度、用液强度、砂液比和排量等。本章对Austin Chalk致密油气藏水平井压裂段数、压裂液量、支撑剂量、平均段间距、用液强度、加砂强度和砂液比进行了统计分析。

4.1 压裂段数

图4-1为Austin Chalk致密油气藏水平井单井压裂段数散点分布图，统计分段压裂水平井141口，单井压裂段数为1～37段，平均单井压裂段数13.6段，P25单井压裂段数3段、P50单井压裂段数16段、P75单井压裂段数22段、M50单井压裂段数13.7段。

将Austin Chalk致密油气藏单井压裂段数按5段区间进行统计分析，图4-2为单井压裂段数统计分布图。单井压裂段数低于5段的水平井49口，统计占比35%。单井压裂段数5～10段的水平井8口，统计占比6%。单井压裂段数10～15段的水平井8口，统计占比6%。单井压裂段数15～20段的水平井26口，统计占比18%。单井压裂段数20～25

段的水平井 37 口，统计占比 26%。单井压裂段数 25～30 段的水平井 15 口，统计占比 11%。单井压裂段数 35～40 段的水平井 1 口，统计占比 1%。

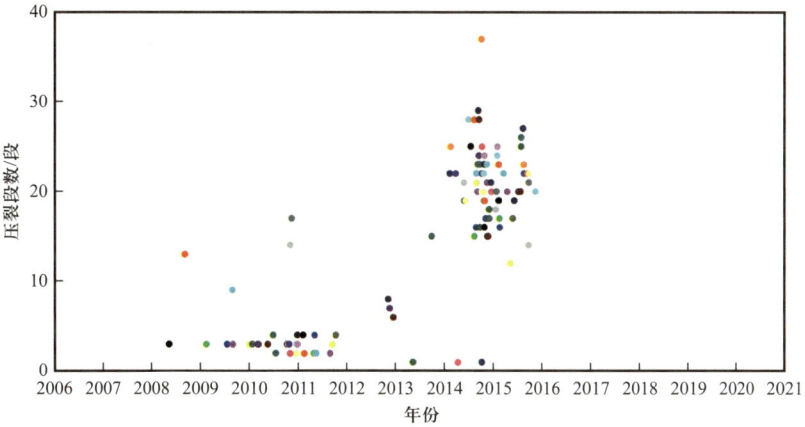

图 4-1　Austin Chalk 致密油气藏水平井单井压裂段数散点分布图

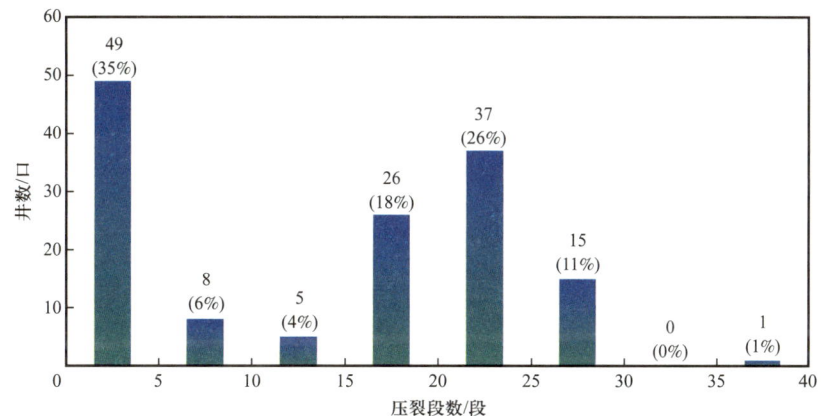

图 4-2　Austin Chalk 致密油气藏水平井单井压裂段数统计分布图

4.2　压裂液量

图 4-3 为 Austin Chalk 致密油气藏水平井单井压裂液量散点分布图，统计分段压裂水平井 564 口，单井压裂液量为 476～135 974 m³，平均单井压裂液量 33 137 m³、P25 单井压裂液量 15 413 m³、P50 单井压裂液量 30 162 m³、P75 单井压裂液量 48 689 m³、M50 单井压裂液量 30 626 m³。

将 Austin Chalk 致密油气藏单井压裂液量按 10 000 m³ 区间进行统计分析，图 4-4 为单井压裂液量统计分布图。单井压裂液量低于 10 000 m³ 的水平井 73 口，统计占比 13%。单井压裂液量 10 000～20 000 m³ 的水平井 124 口，统计占比 22%。单井压裂液量 20 000～30 000 m³ 的水平井 83 口，统计占比 15%。单井压裂液量 30 000～40 000 m³ 的水平井 86 口，统计占比 15%。单井压裂液量 40 000~50 000 m³ 的水平井 73 口，统计占比 13%。单井压裂液量 50 000~60 000 m³ 的水平井 58 口，统计占比 10%。单井压裂液量 60 000~70 000 m³ 的水平井 32 口，统计占比 6%。单井压裂液量 70 000~80 000 m³ 的水平井 24 口，统计占比 4%。单井压裂液量超过 80 000 m³ 的水平井 3 口。

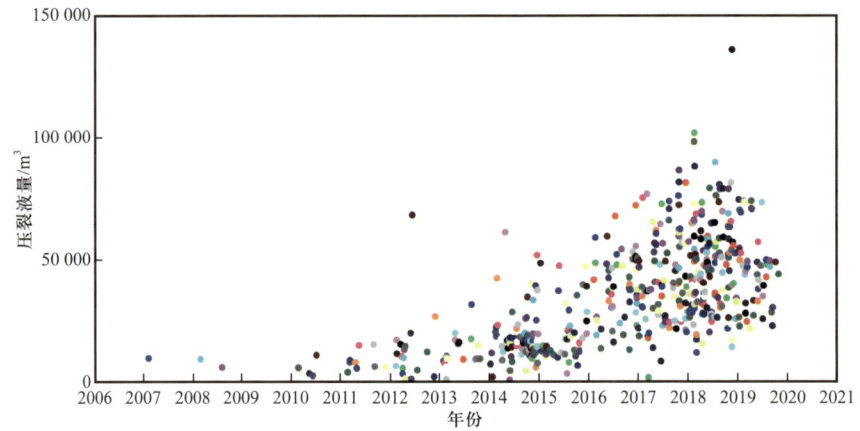

图 4-3　Austin Chalk 致密油气藏水平井单井压裂液量散点分布图

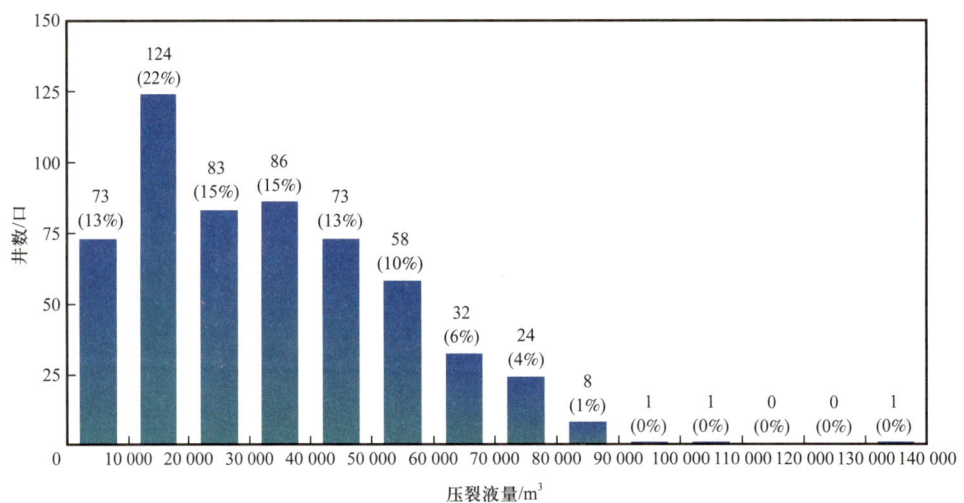

图 4-4　Austin Chalk 致密油气藏水平井单井压裂液量统计分布图

4.3　支撑剂量

图 4-5 为 Austin Chalk 致密油气藏水平井单井压裂支撑剂量散点分布图，统计分段压裂水平井 520 口，单井压裂支撑剂量为 67~17 815 t，平均单井压裂支撑剂量 5087 t、P25 单井压裂支撑剂量 2689 t、P50 单井压裂支撑剂量 4933 t、P75 单井压裂支撑剂量 7059 t、M50 单井压裂支撑剂量 4885 t。

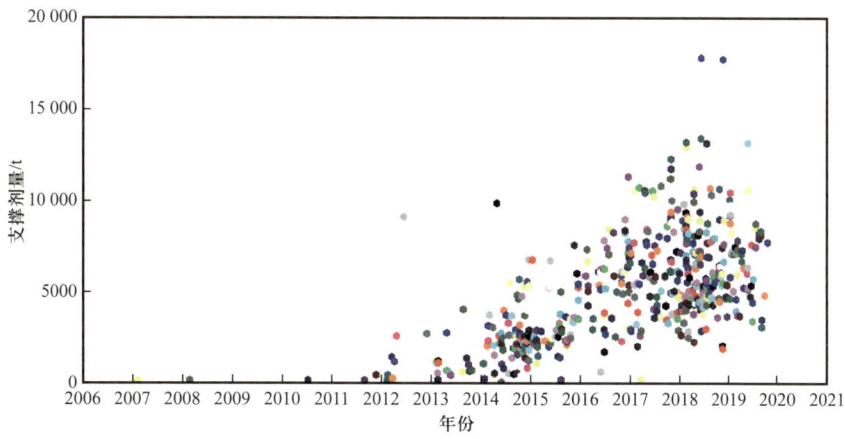

图 4-5 Austin Chalk 致密油气藏水平井单井压裂支撑剂量散点分布图

将 Austin Chalk 致密油气藏单井压裂支撑剂量按 2000 t 区间进行统计分析，图 4-6 为单井压裂支撑剂量统计分布图。单井压裂支撑剂量低于 2000 t 的水平井 67 口，统计占比 13%。单井压裂支撑剂量 2000~4000 t 的水平井 135 口，统计占比 26%。单井压裂支撑剂量 4000~6000 t 的水平井 133 口，统计占比 26%。单井压裂支撑剂量 6000~8000 t 的水平井 100 口，统计占比 19%。单井压裂支撑剂量 8000~10 000 t 的水平井 54 口，统计占比 10%。单井压裂支撑剂量 10 000~12 000 t 的水平井 23 口，统计占比 4%。单井压裂支撑剂量 12 000~14 000 t 的水平井 6 口，统计占比 1%。单井压裂支撑剂量超过 14 000 t 的水平井 2 口。

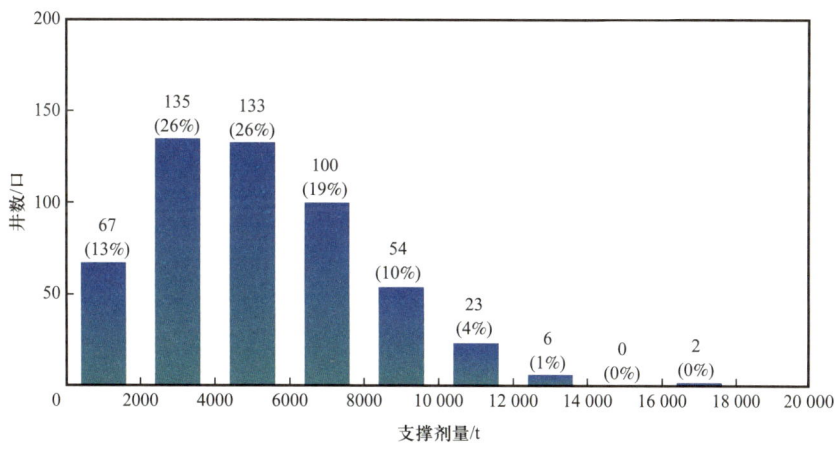

图 4-6 Austin Chalk 致密油气藏水平井单井压裂支撑剂量统计分布图

4.4 平均段间距

图 4-7 为 Austin Chalk 致密油气藏水平井单井压裂平均段间距散点分布图，统计分段压裂水平井 108 口，单井压裂平均段间距为 49.6~496.9 m，平均单井压裂平均段间距

133.9 m、P25 单井压裂平均段间距 72.8 m、P50 单井压裂平均段间距 76.5 m、P75 单井压裂平均段间距 97.3 m、M50 单井压裂平均段间距 78.3 m。

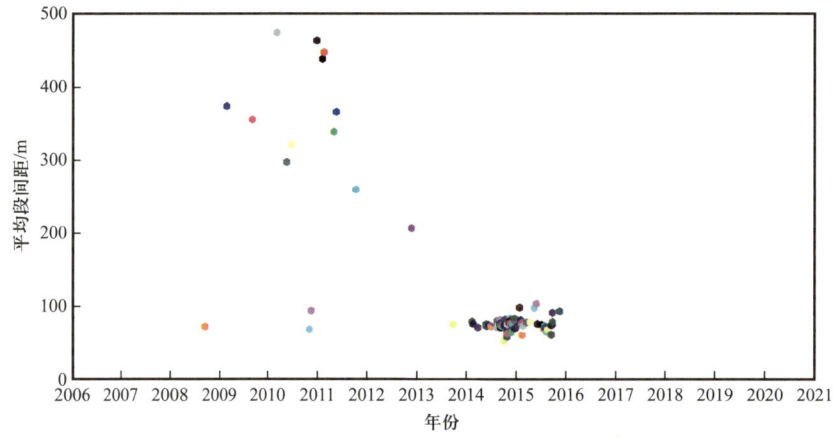

图 4-7　Austin Chalk 致密油气藏水平井单井压裂平均段间距散点分布图

将 Austin Chalk 致密油气藏水平井单井压裂平均段间距按 50 m 区间进行统计分析，图 4-8 为单井压裂平均段间距统计分布图。单井压裂平均段间距低于 50 m 的水平井 1 口，统计占比 1%。单井压裂平均段间距 50～100 m 的水平井 81 口，统计占比 75%。单井压裂平均段间距 100～150 m 的水平井 1，统计占比 1%。单井压裂平均段间距 150～200 m 的水平井 1 口，统计占比 1%。单井压裂平均段间距 200～250 m 的水平井 5 口，统计占比 5%。单井压裂平均段间距 250～300 m 的水平井 5 口，统计占比 5%。单井压裂平均段间距 300～350 m 的水平井 3 口，统计占比 3%。单井压裂平均段间距 350～400 m 的水平井 5 口，统计占比 5%。单井压裂平均段间距 400～450 m 的水平井 2 口，统计占比 2%。单井压裂平均段间距 450～500 m 的水平井 4 口，统计占比 4%。

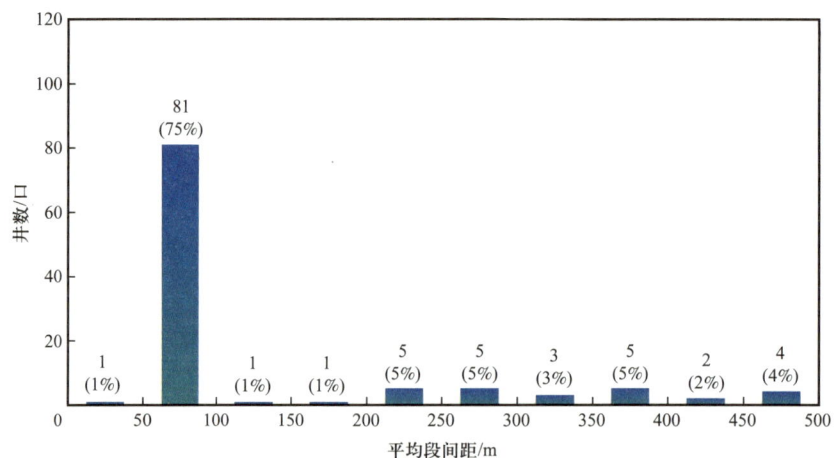

图 4-8　Austin Chalk 致密油气藏水平井单井压裂平均段间距统计分布图

4.5 用液强度

图 4-9 为 Austin Chalk 致密油气藏水平井单井压裂用液强度散点分布图，统计分段压裂水平井 528 口，单井压裂用液强度为 0.3~72.4 m^3/m，平均单井压裂用液强度 20.9 m^3/m、P25 单井压裂用液强度 10.4 m^3/m、P50 单井压裂用液强度 23.0 m^3/m、P75 单井压裂用液强度 29.4 m^3/m、M50 单井压裂用液强度 21.5 m^3/m。

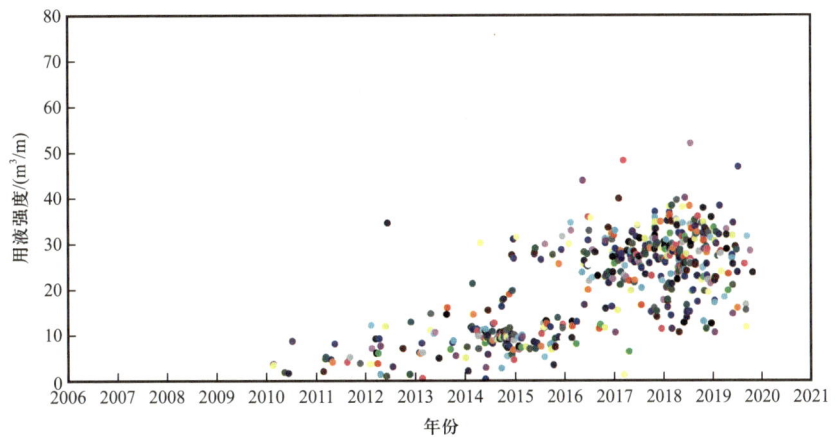

图 4-9　Austin Chalk 致密油气藏水平井单井压裂用液强度散点分布图

将 Austin Chalk 致密油气藏单井压裂用液强度按 10 m^3/m 区间进行统计分析，图 4-10 为单井压裂用液强度统计分布图。单井压裂用液强度低于 10 m^3/m 的水平井 125 口，统计占比 24%。单井压裂用液强度 10~20 m^3/m 的水平井 102 口，统计占比 19%。单井压裂用液强度 20~30 m^3/m 的水平井 183，统计占比 35%。单井压裂用液强度 30~40 m^3/m 的水平井 111 口，统计占比 21%。单井压裂用液强度 40~50 m^3/m 的水平井 5 口，统计占比 1%。单井压裂用液强度超过 50 m^3/m 的水平井 2 口。

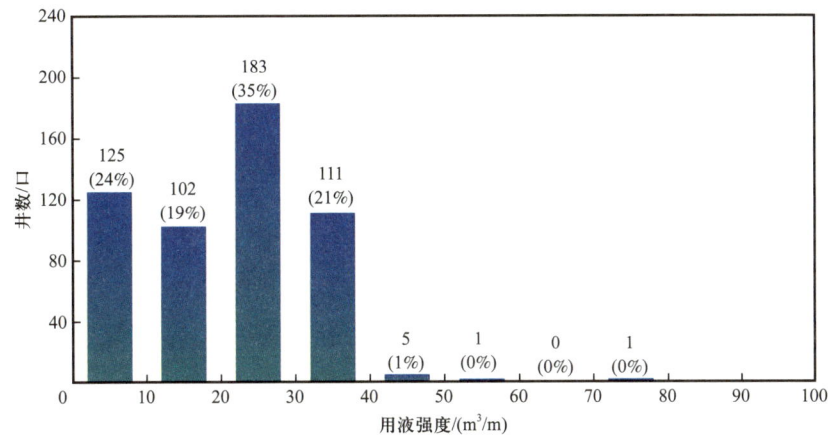

图 4-10　Austin Chalk 致密油气藏水平井单井压裂用液强度统计分布图

4.6 加砂强度

图 4-11 为 Austin Chalk 致密油气藏水平井单井压裂加砂强度散点分布图，统计分段压裂水平井 499 口，单井压裂加砂强度为 0.04~9.45 t/m，平均单井压裂加砂强度 3.14 t/m、P25 单井压裂加砂强度 1.87 t/m、P50 单井压裂加砂强度 3.44 t/m、P75 单井压裂加砂强度 4.20 t/m、M50 单井压裂加砂强度 3.29 t/m。

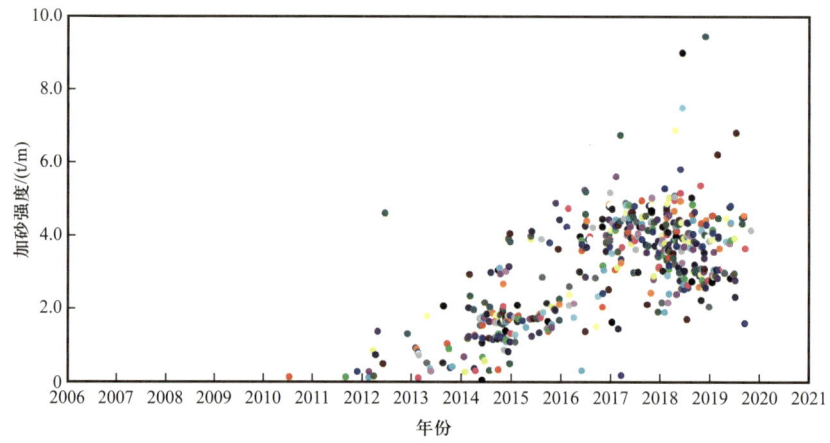

图 4-11 Austin Chalk 致密油气藏水平井单井压裂加砂强度散点分布图

将 Austin Chalk 致密油气藏单井压裂加砂强度按 1.0 t/m 区间进行统计分析，图 4-12 为单井压裂加砂强度统计分布图。单井压裂加砂强度低于 1.0 t/m 的水平井 38 口，统计占比 8%。单井压裂加砂强度 1.0~2.0 t/m 的水平井 97 口，统计占比 19%。单井压裂加砂强度 2.0~3.0 t/m 的水平井 72，统计占比 14%。单井压裂加砂强度 3.0~4.0 t/m 的水平井 134 口，统计占比 27%。单井压裂加砂强度 4.0~5.0 t/m 的水平井 136 口，统计占比 27%。单井压裂加砂强度 5.0~6.0 t/m 的水平井 14 口，统计占比 3%。单井压裂加砂强度超过 6.0 t/m 的水平井 8 口。

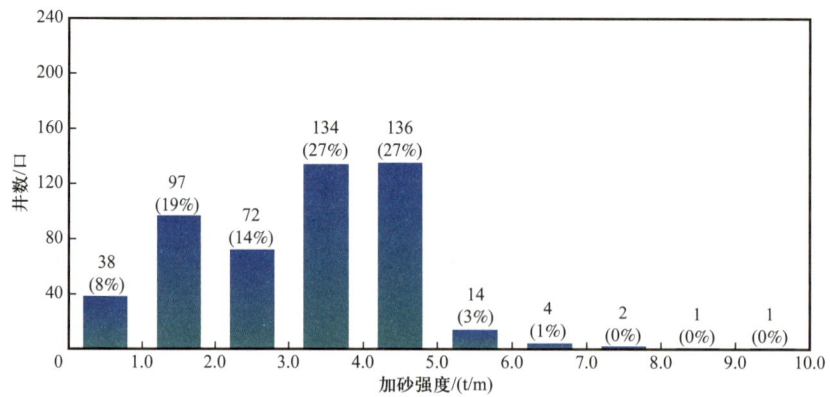

图 4-12 Austin Chalk 致密油气藏水平井单井压裂加砂强度统计分布图

4.7 砂液比

图 4-13 为 Austin Chalk 致密油气藏水平井单井压裂砂液比散点分布图，统计分段压裂水平井 516 口，单井压裂砂液比为 0.01~0.79 t/m³，平均单井压裂砂液比 0.15 t/m³、P25 单井压裂砂液比 0.13 t/m³、P50 单井压裂砂液比 0.15 t/m³、P75 单井压裂砂液比 0.17 t/m³、M50 单井压裂砂液比 0.15 t/m³。

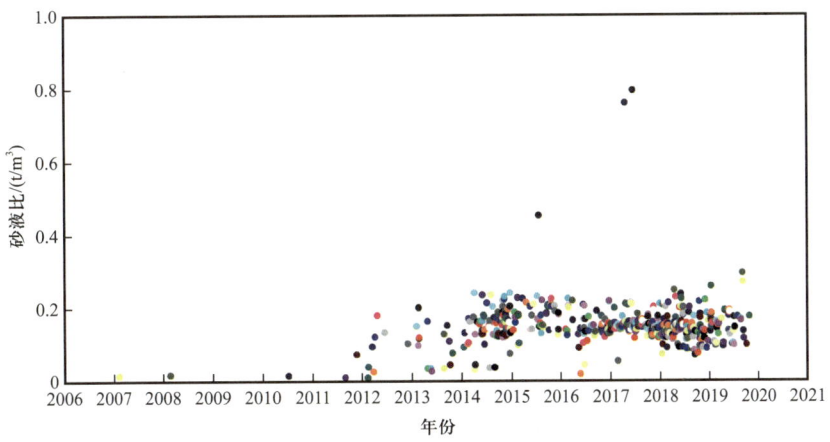

图 4-13 Austin Chalk 致密油气藏水平井单井压裂砂液比散点分布图

将 Austin Chalk 致密油气藏单井压裂砂液比按 0.1 t/m³ 区间进行统计分析，图 4-14 为单井压裂砂液比统计分布图。单井压裂砂液比低于 0.1 t/m³ 的水平井 59 口，统计占比 11%。单井压裂砂液比 0.1~0.2 t/m³ 的水平井 393 口，统计占比 76%。单井压裂砂液比 0.2~0.3 t/m³ 的水平井 61 口，统计占比 12%。单井压裂砂液比 0.4~0.5 t/m³ 的水平井 1 口。

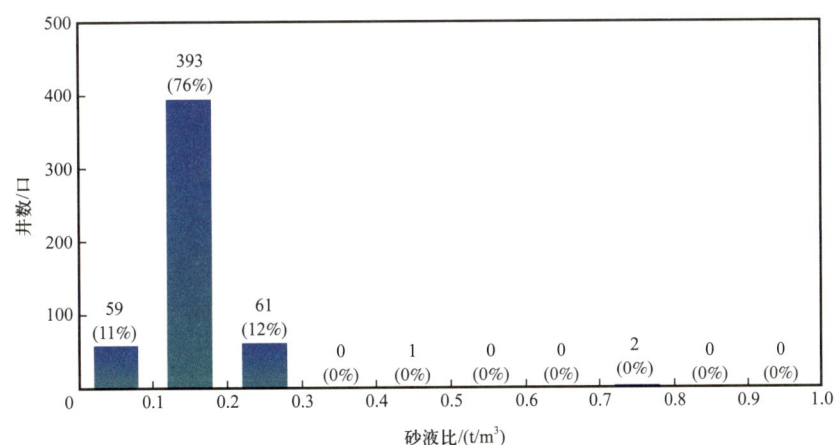

图 4-14 Austin Chalk 致密油气藏水平井单井压裂砂液比统计分布图

4.8 小结

本章主要针对 Austin Chalk 致密油气藏水平井分段压裂指标进行了统计分析，包括压裂段数、压裂液量、支撑剂量、平均段间距、用液强度、加砂强度和砂液比。图 4-15 为不同埋深水平井加砂强度统计分布图，整体加砂强度中深层（垂深 2000～3500 m）最高、其次为浅层（垂深低于 2000 m）、最低为深层（垂深超过 3500 m）。深层致密油气藏储层高温高压，实际压裂过程中加砂强度受到一定制约。

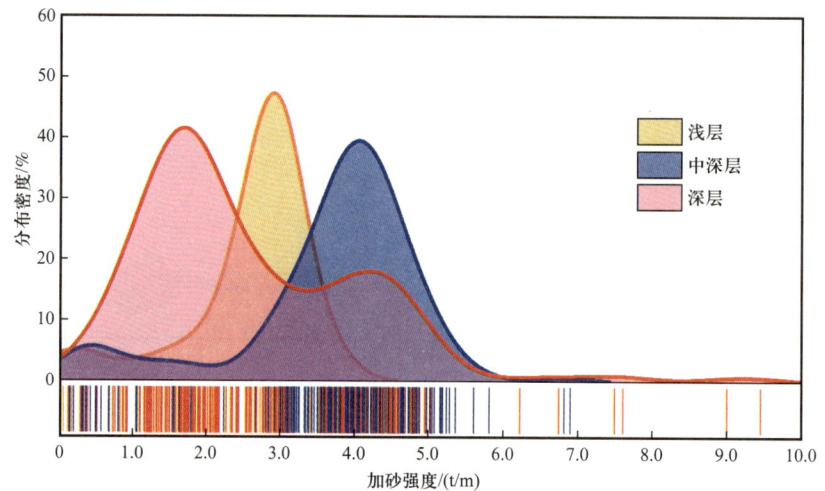

图 4-15　Austin Chalk 致密油气藏不同埋深水平井加砂强度统计分布图

Austin Chalk 致密油气藏水平井分段压裂统计分析显示，单井压裂段数总体呈逐年增加趋势，目前单井压裂段数主体分布在 15～25 段区间。单井压裂液量总体呈显著逐年增加趋势，目前单井压裂液量主体分布在 10 000～40 000 m^3 区间。单井支撑剂量总体呈逐年增加趋势，目前单井压裂支撑剂量主体分布在 2000～6000 t 区间。水平井压裂平均段间距样本数据相对较少，P50 单井压裂平均段间距 76.5 m。水平井压裂用液强度和加砂强度呈逐年增加趋势，用液强度主体分布在 20～40 m^3/m 区间，加砂强度主体分布在 3.0～5.0 t/m，砂液比主体分布在 0.1～0.2 t/m^3 区间。

第 5 章 开发指标

与常规油气藏相比,致密油气藏流体赋存方式更为复杂、流动方式呈现多样化。致密油气井受储层人工裂缝、吸附气解吸及特殊流动机理的影响,投产初期与中后期的产量递减趋势差异大,表现出初期递减指数变化较快、后期趋于稳定的特征。致密油气水平井关键开发指标包括首年平均日产油当量、首年产量递减率、单井最终可采储量、百米段长可采储量、百吨砂量可采储量和建井周期。

致密油气井产能评价方法不同于常规油气井。需要进行大规模分段压裂才能使基质中的气体流入井筒,单井产能评价方法有其特殊性。通常将投产井第一年平均日产油当量作为单井产能关键指标,投产井首年经历了初期高峰排液阶段、峰值生产阶段、井口压力和产量快速下降阶段。由于投产初期致密油气井排液量为主导,油气产量经历先增加后下降趋势,故通常选取年产量递减率作为产量递减关键指标。年产量递减率是指本年度油当量产量相对于上一年度油当量产量的相对递减幅度。百米段长可采储量和百吨砂量可采储量是两项标准开发指标,表示单位水平段长和单位砂量能够获取的油气产量当量,可用于区块和井间进行横向对比。首年平均日产油当量、首年产量递减率、单井最终可采储量、百米段长可采储量和百吨砂量可采储量均是反映致密油气井产量的关键开发指标。

除此之外,本节将建井周期作为开发指标之一。建井周期是指致密油气水平井从开钻至投产所需的周期,是钻井工程、分段压裂、地面工程及生产优化的综合效率指标,直接影响具体致密油气藏的建产速度和开发效益。因此,将建井周期作为一项反映综合开发效率的关键指标评价全流程施工作业效率。

5.1 首年平均日产油当量

首年平均日产油当量是指致密油气井投产第一年的平均日产油当量,可作为油气井产能评价的关键指标。致密油气井普遍采用大规模水力压裂措施改造井筒周边储层,油气井投产初期以返排液产出为主,该阶段也通常被称为排液阶段。井筒及近井较大尺寸裂缝内压裂液陆续返排至地表后,油气井产量逐渐上升。油气井投产通常经历纯排液阶段、排液量下降产量上升阶段、峰值产油气阶段、产量和压力快速递减阶段后的平稳生产阶段。不同油气井峰值生产阶段存在差异,故通常选取首年日产量近似表征油气井整体产能特征。

图 5-1 为 Austin Chalk 致密油气藏水平井单井首年平均日产油当量散点分布图，统计致密油气水平井 4466 口，单井首年平均日产油当量为 0.00～1 163.1 t，平均单井首年日产油当量 38.2 t、P25 单井首年日产油当量 1.6 t、P50 单井首年日产油当量 10.4 t、P75 单井首年日产油当量 49.9 t、M50 单井首年日产油当量 16.0 t。

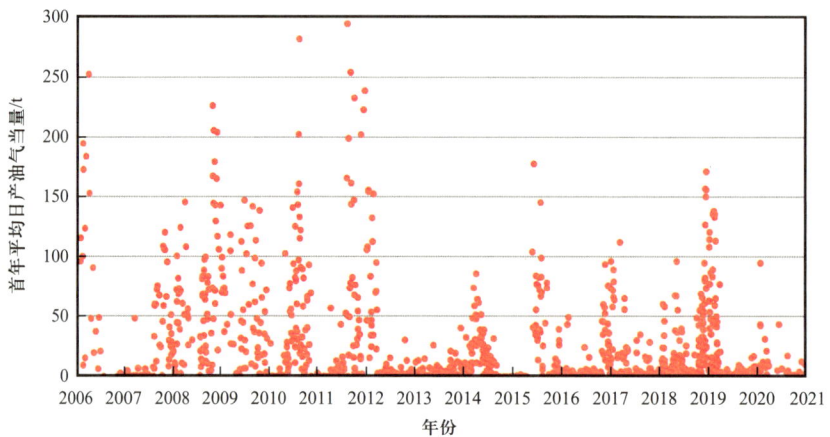

图 5-1　Austin Chalk 致密油气藏单井首年平均日产油当量散点分布图

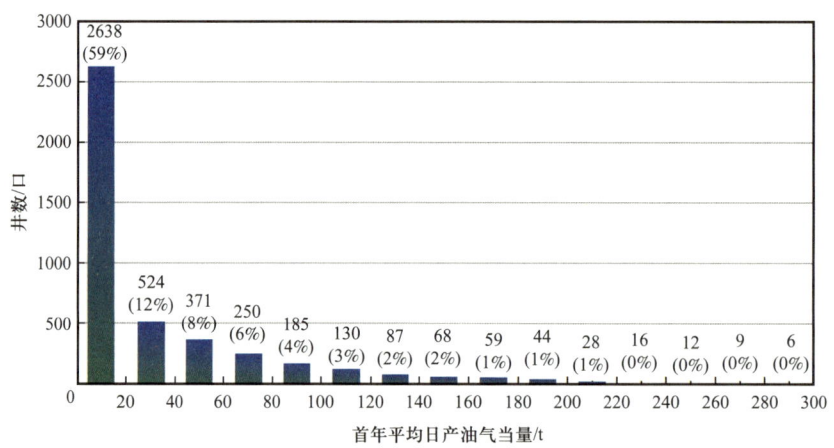

图 5-2　Austin Chalk 致密油气藏单井首年平均日产油当量统计分布图

将 Austin Chalk 致密油气藏单井首年平均日产油当量按 20 t 区间进行统计分析，图 5-2 为单井首年平均日产油当量统计分布图。单井首年平均日产油当量低于 20 t 的水平井 2638 口，统计占比 59%。单井首年平均日产油当量 20～40 t 的水平井 524 口，统计占比 12%。单井首年平均日产油当量 40～60 t 的水平井 371 口，统计占比 8%。单井首年平均日产油当量 60～80 t 的水平井 250 口，统计占比 6%。单井首年平均日产油当量 80～100 t 的水平井 185 口，统计占比 4%。单井首年平均日产油当量 100～120 t 的水平井 130 口，统计占比 3%。单井首年平均日产油当量 120～140 t 的水平井 87 口，统计占比 2%。单井首年平均日产油当量 140～160 t 的水平井 68 口，统计占比 2%。单井首年平均日产油当量 160～180 t 的水平井 59 口，统计占比 1%。单井首年平均日产油当量 180～200 t 的水平井 44 口，统计占比 1%。单井首年平均日产油当量超过 200 t 的水平井 110 口（其中图中显示 71 口。单井首年平均日产油当量超过 300 t 的水平井 39 口，因数据偏离主体区间较大，未在图中显示），统计占比 2%。

将 Austin Chalk 致密油气藏不同年度完钻井垂深进行统计分析，利用 P25 和 P75 统计值作为首年平均日产油当量上下限值，同时结合 P50 首年平均日产油当量绘制不同年度垂深学习曲线。图 5-3 给出了 Austin Chalk 致密油气藏不同年度首年平均日产油当量学习曲线。根据首年平均日产油当量学习曲线可知，2011 年以前统计水平井 3433 口，平均首年日产油当量 44.1 t、P25 首年日产油当量 1.9 t、P50 首年日产油当量 15.3 t、P75 首年日产油当量 59.0 t。2011 年统计水平井 79 口，平均首年日产油当量 47.6 t、P25 首年日产油当量 1.6 t、P50 首年日产油当量 8.1 t、P75 首年日产油当量 53.7 t。2012 年统计水平井 100 口，平均首年日产油当量 18.4 t、P25 首年日产油当量 1.0 t、P50 首年日产油当量 3.4 t、P75 首年日产油当量 12.4 t。2013 年统计水平井 68 口，平均首年日产油当量 5.6 t、P25 首年日产油当量 1.6 t、P50 首年日产油当量 3.3 t、P75 首年日产油当量 12.8 t。2014 年统计水平井 87 口，平均首年日产油当量 18.3 t、P25 首年日产油当量 4.5 t、P50 首年日产油当量 11.5 t、P75 首年日产油当量 26.3 t。2015 年统计水平井 66 口，平均首年日产油当量 30.2 t、P25 首年日产油当量 0.6 t、P50 首年日产油当量 9.0 t、P75 首年日产油当量 44.0 t。2016 年统计水平井 75 口，平均首年日产油当量 14.7 t、P25 首年日产油当量 2.1 t、P50 首年日产油当量 4.7 t、P75 首年日产油当量 20.8 t。2017 年统计水平井 118 口，平均首年日产油当量 11.9 t、P25 首年日产油当量 0.3 t、P50 首年日产油当量 2.5 t、P75 首年日产油当量 14.0 t。2018 年统计水平井 242 口，平均首年日产油当量 15.9 t、P25 首年日产油当量 0.9 t、P50 首年日产油当量 3.3 t、P75 首年日产油当量 17.3 t。2019 年统计水平井 144 口，平均首年日产油当量 17.9 t、P25 首年日产油当量 0.8 t、P50 首年日产油当量 3.0 t、P75 首年日产油当量 14.8 t。2020 年统计水平井 54 口，平均首年日产油当量 9.4 t、P25 首年日产油当量 1.4 t、P50 首年日产油当量 4.9 t、P75 首年日产油当量 9.5 t。

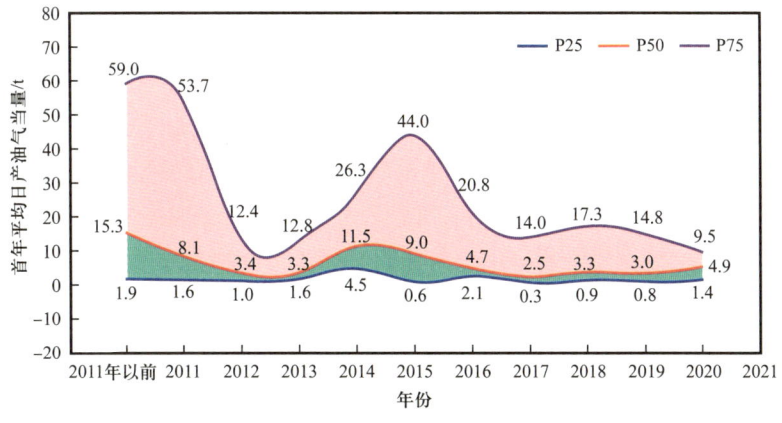

图 5-3 Austin Chalk 致密油气藏单井首年平均日产油当量学习曲线

Austin Chalk 致密油气藏完单井首年平均日产油当量学习曲线显示，不同年度水平井 P50 首年平均日产油当量呈相对稳定变化趋势，2016—2020 年 P50 首年平均日产油当量稳定在 3.0~4.9 t。

致密油气井首年平均日产油当量一定程度上反映了油气井产能，是致密油气井的关键开发指标。根据许可日期、钻井垂深、钻井测深、水平段长、压裂段数、压裂液量、支撑剂量、水垂比、平均段间距、用液强度、加砂强度和首年平均日产油当量绘制影响因素相关系数矩阵图。图 5-4 为 16 595 个数据点绘制的相关系数矩阵图。由图可知许可日期和平均段间距与水平井首年平均日产油当量完全不相关。影响油气井首年平均日产油当量的因素由高到低依次为压裂液量、支撑剂量、压裂段数、钻井测深、用液强度、水平段长、垂深、加砂强度和水垂比。致密油气水平井首年平均日产油当量主要受钻井工程、压裂规模和油气藏固有特性的影响。

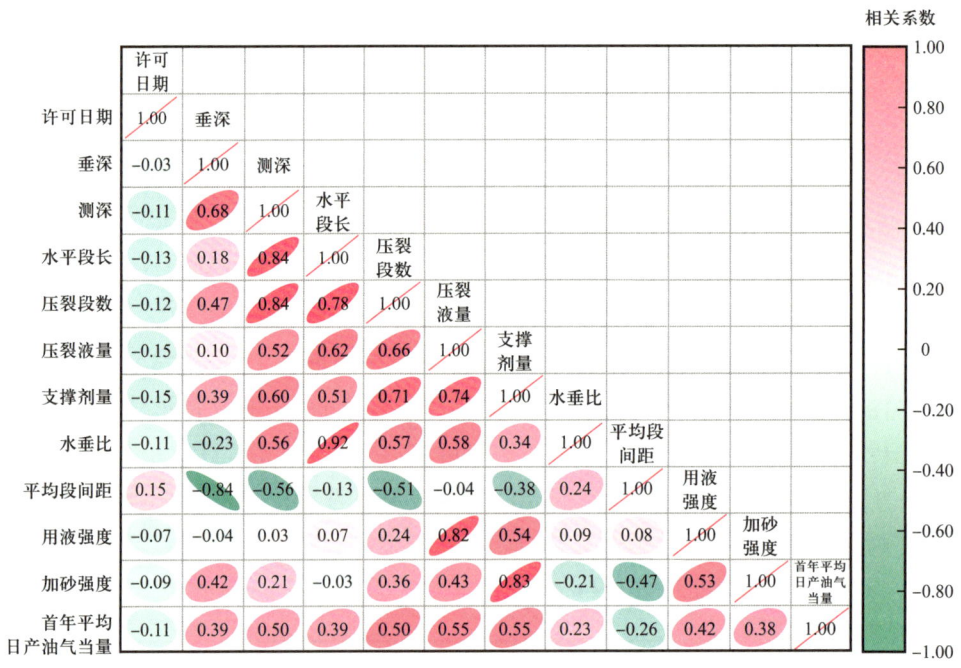

图 5-4 Austin Chalk 致密油气藏首年平均日产油当量影响因素相关系数矩阵图

图 5-5 为 Austin Chalk 致密油气藏水平井首年累计产油当量与单井最终可采储量统计图，水平井首年累计产油当量与单井最终可采储量呈较好的线性关系，线性拟合相关系数超过 0.90，线性回归系数为 2.786 57，表明首年累计产油当量占比单井最终可采储量约 36%。Austin Chalk 致密油气井第一年采出油当量约占单井最终可采储量的 36% 左右。

图 5-6 为 Austin Chalk 致密油气藏首年平均日产油当量分埋深统计分布图，浅层（垂深低于 2000 m）水平井首年平均日产油当量分布靠左，中深层（垂深 2000~3500 m）和深层（垂深大于 3500 m）水平井首年平均日产油当量分布向右偏移，中深层水平井开发效果整体优于深层水平井。

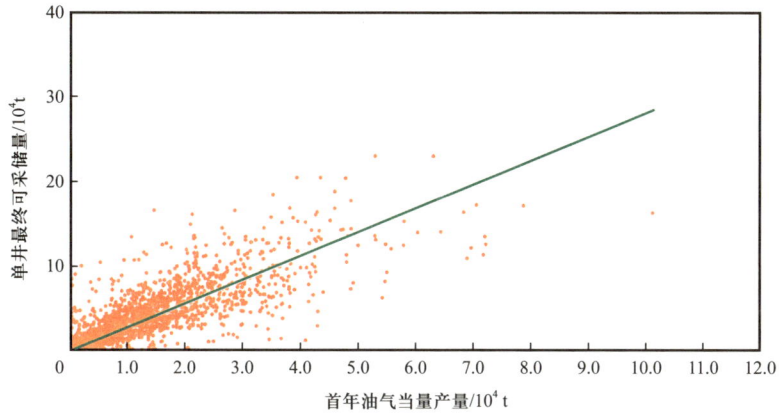

图 5-5 Austin Chalk 致密油气藏水平井首年累计产油当量与单井最终可采储量统计图

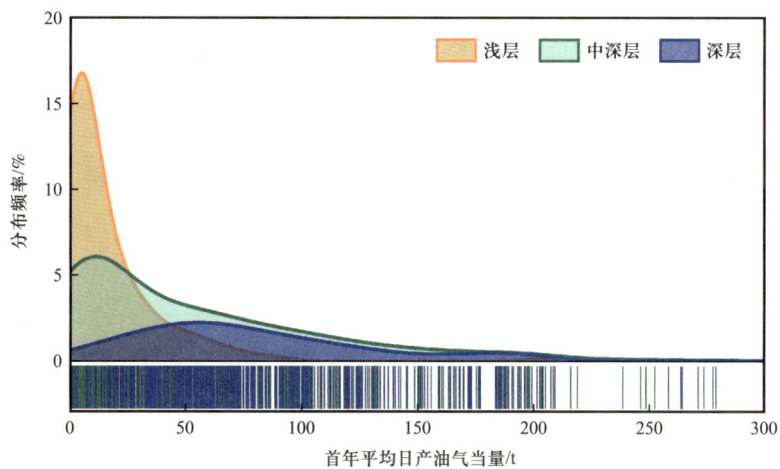

图 5-6 Austin Chalk 致密油气藏首年平均日产油当量分埋深统计分布图

5.2 单井典型生产规律

致密油气、页岩油气等非常规油气水平井需要分段压裂措施才能实现工业产量。北美前期普遍采用放压生产法方式，生产井井底压力近似恒定。致密油气水平井总体表现为初期高产，产量快速递减，后期低产稳产期较长等特征。

图 5-7 给出了 Austin Chalk 致密油气藏统计 5654 口水平井做时间对齐平均处理获取的典型生产曲线。Austin Chalk 水平井典型生产曲线表现为初期有一个月左右产量上升期，该阶段生产井以排液为主，伴随压裂液返排油气产量逐渐上升。投产一个月左右应该油当量产量峰值，然后进入油当量产量快速递减阶段。初期产量快速递减后，进入中后期低产缓慢递减阶段。表 5-1 给出了 Austin Chalk 致密油气藏水平井典型生产曲线指标统计表。水平井投产第一年平均日产油当量 32.41 t，生产井第一年累计产油当量占单井最

终可采油当量的 30.70%。生产井投产第 2 年至第 4 年产量递减率分别为 41.0%、30.0%、24.1%。生产井投产第 5 年和第 6 年年产油当量递减率下降至 14.7% 和 12.5%。投产第 8 年，年产油当量递减率下降至 10% 以下。水平井生产第 10 年后，年产油当量递减率下降至 7% 以下，进入缓慢递减阶段。

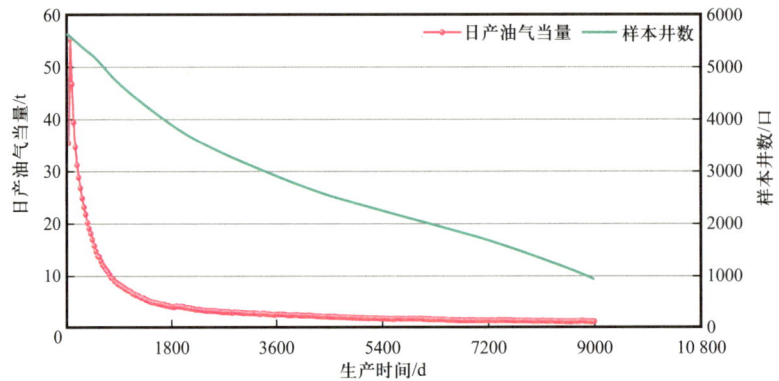

图 5-7　Austin Chalk 致密油气藏水平井典型生产曲线

表 5-1　Austin Chalk 致密油气藏水平井典型生产指标统计表

生产时间 /年	年产油当量 /t	平均日产油当量 /t	产量递减率 /%	EUR 采出程度 /%
1	11 666	32.41		30.70
2	5111	14.20	56.2	13.45
3	3014	8.37	41.0	7.93
4	2108	5.86	30.0	5.55
5	1600	4.44	24.1	4.21
6	1364	3.79	14.7	3.59
7	1195	3.32	12.5	3.14
8	1081	3.00	9.5	2.84
9	1004	2.79	7.1	2.64
10	937	2.60	6.7	2.47
11	877	2.44	6.4	2.31
12	821	2.28	6.4	2.16
13	767	2.13	6.6	2.02
14	719	2.00	6.2	1.89
15	675	1.87	6.2	1.78
16	634	1.76	6.0	1.67

续表

生产时间 / 年	年产油当量 /t	平均日产油当量 /t	产量递减率 /%	EUR 采出程度 /%
17	599	1.66	5.5	1.58
18	568	1.58	5.2	1.50
19	540	1.50	5.0	1.42
20	513	1.42	5.0	1.35
21	487	1.35	5.0	1.28
22	463	1.29	5.0	1.22
23	440	1.22	5.0	1.16
24	418	1.16	5.0	1.10
25	397	1.10	5.0	1.04

图 5-8 为 Austin Chalk 致密油气藏水平井首年产量递减率散点分布图，统计分段压裂水平井 4793 口，首年产量递减率范围为 -99.4%~99.9%，平均首年油当量产量递减率 51.1%、P25 首年油当量产量递减率 26.5%、P50 首年油当量产量递减率 51.8%、P75 首年油当量产量递减率 67.5%、M50 首年油当量产量递减率 53.6%。

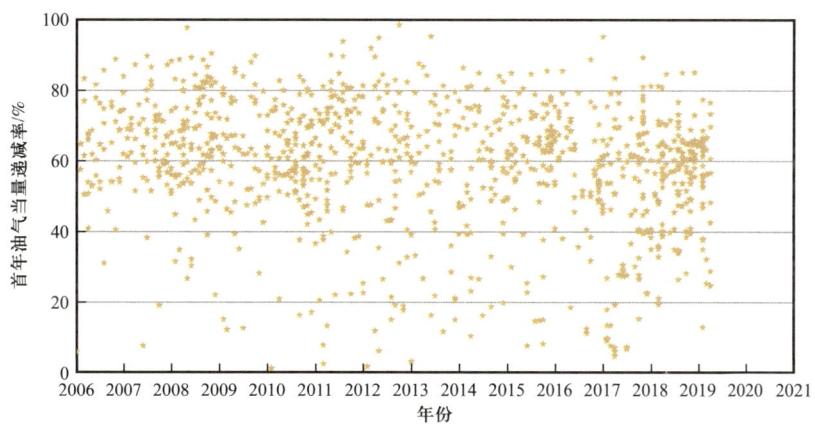

图 5-8 Austin Chalk 致密油气藏水平井首年产量递减率散点分布图

将 Austin Chalk 致密油气藏单井首年油当量递减率按 10% 区间进行统计分析，图 5-9 为单井首年油当量递减率统计分布图。单井首年油当量递减率低于 10% 的水平井 250 口，统计占比 5%。单井首年油当量递减率 10%~20% 的水平井 310 口，统计占比 6%。单井首年油当量递减率 20%~30% 的水平井 415 口，统计占比 9%。单井首年油当量递减率 30%~40% 的水平井 413 口，统计占比 9%。单井首年油当量递减率 40%~50% 的水平井 496 口，统计占比 10%。单井首年油当量递减率 50%~60% 的水平井 677 口，统计占比 14%。单井首年油当量递减率 60%~70% 的水平井 806 口，统计占比 17%。单井首年油当量递减率 70%～80% 的水平井 647 口，统计占比 13%。单井首年油当量递减率 80%～90% 的水平井 302 口，统计占比 6%。单井首年油当量递减率 90%～100% 的水平井 76 口，统计占比 2%。Austin Chalk 致密油气藏水平井首年油当量产量递减率主体分布在 40%～80% 区间，初期快速递减特征与北美页岩油气藏特征相似。

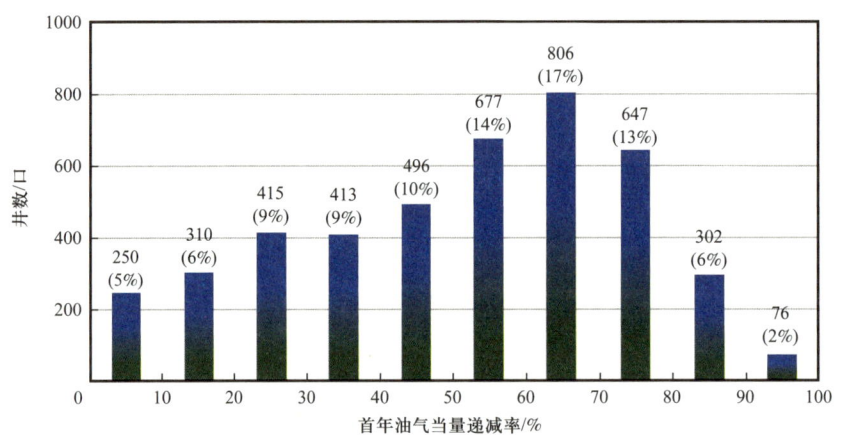

图 5-9　Austin Chalk 致密油气藏水平井首年油当量递减率统计分布图

将 Austin Chalk 致密油气藏不同年度投产井首年油当量产量递减率进行统计分析，利用 P25 和 P75 统计值作为上下限值，同时结合 P50 统计值绘制不同年度首年油当量递减率学习曲线。图 5-10 给出了 Austin Chalk 致密油气藏不同年度投产井首年油当量递减率学习曲线。2011 年以前统计投产井 3667 口，平均首年油当量递减率 50%、P25 首年油当量递减率 41%、P50 首年油当量递减率 53%、P75 首年油当量递减率 69%。2011 年统计投产井 89 口，平均首年油当量递减率 62%、P25 首年油当量递减率 44%、P50 首年油当量递减率 65%、P75 首年油当量递减率 75%。2012 年统计投产井 74 口，平均首年油当量递减率 58%、P25 首年油当量递减率 47%、P50 首年油当量递减率 61%、P75 首年油当量递减率 73%。2013 年统计投产井 55 口，平均首年油当量递减率 55%、P25 首年油当量递减率 46%、P50 首年油当量递减率 59%、P75 首年油当量递减率 71%。2014 年统计投产井 71 口，平均首年油当量递减率 59%、P25 首年油当量递减率 49%、P50 首年油当量递减率 60%、P75 首年油当量递减率 73%。2015 年统计投产井 87 口，平均首年油当量递减率 60%、P25 首年油当量递减率 53%、P50 首年油当量递减率 61%、P75 首年油当量递减率 70%。2016 年统计投产井 70 口，平均首年油当量递减率 57%、P25 首年油当量递减率 50%、P50 首年油当量递减率 58%、P75 首年油当量递减率 67%。2017 年统计投产井 109 口，平均首年油当量递减率 53%、P25 首年油当量递减率 48%、P50 首年油当量递减率 56%、P75 首年油当量递减率 67%。2018 年统计投产井 126 口，平均首年油当量递减率 56%、P25 首年油当量递减率 48%、P50 首年油当量递减率 58%、P75 首年油当量递减率 65%。2019 年统计投产井 44 口，平均首年油当量递减率 53%、P25 首年油当量递减率 44%、P50 首年油当量递减率 56%、P75 首年油当量递减率 65%。

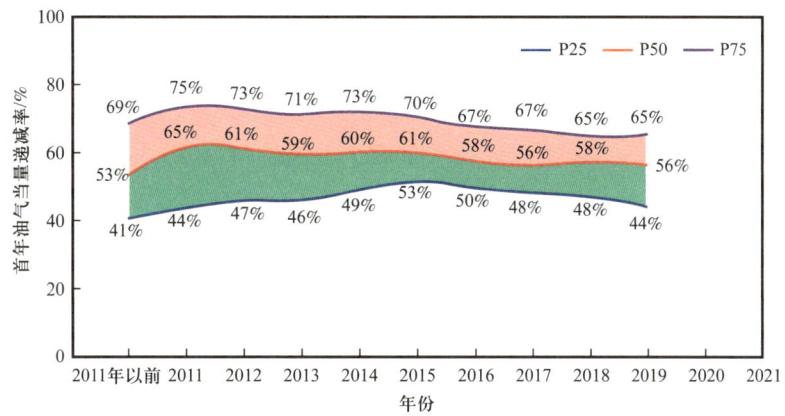

图 5-10　Austin Chalk 致密油气藏水平井首年油当量递减率学习曲线

图 5-11 为 Austin Chalk 油气藏水平井首年油气产量当量递减率影响因素相关系数矩阵图，首年油当量产量递减率表现出与许可日期、加砂强度、支撑剂量、用液强度和压裂液量具有一定的相关性。

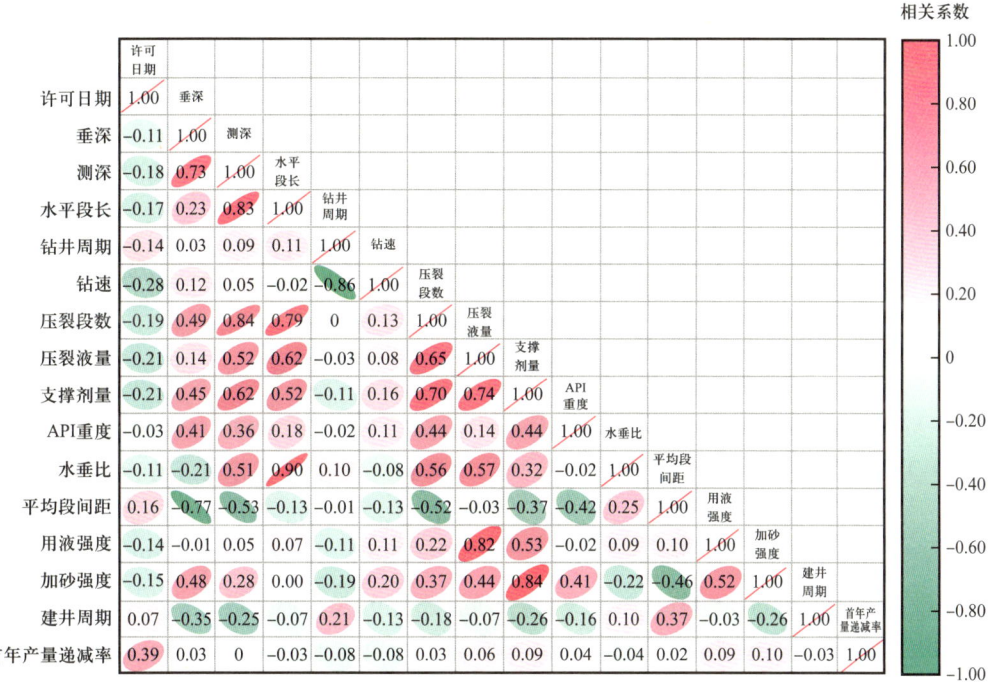

图 5-11　Austin Chalk 致密油气藏水平井首年油当量产量递减率影响因素相关系数矩阵图

5.3　单井最终可采储量

单井最终可采储量是致密油气井最为关键的开发指标，是指预计在整个生产周期内从单井（区块、盆地）可经济采出的天然气或石油总量。准确评价单井最终可采储量能够了解单井（区块或盆地）开采潜力，为开发方案编制、经济评价、开发调整和加密钻井提供可采储量依据。Austin Chalk 致密油气藏整体表现为油气同采特征，利用单井最终可采油当量可表征单井最终可采储量。

图 5-12 为 Austin Chalk 致密油气藏水平井单井最终可采油当量散点分布图，统计分段压裂水平井 1708 口，单井最终可采油当量范围为 0.4～308 351 t，平均单井最终可采油当量 40 450 t、P25 单井最终可采油当量 10 807 t、P50 单井最终可采油当量 31 987 t、P75 单井最终可采油当量 59 528 t、M50 单井最终可采油当量 32 666 t。针对单井最终可采油当量中致密气产量当量和致密油产量当量构成进行了统计。单井最终可采油当量构成统计结果显示，平均单井致密气当量占比 40.9%、P25 致密气当量占比 11.8%、P50 致密气当量占比 40.3%、P75 致密气当量占比 64.7%、M50 致密气当量占比 38.9%。平均单井致密油产量占比 59.1%、P25 致密油产量占比 35.3%、P50 致密油产量占比 59.7%、P75 致密油产量占比 88.2%、M50 致密油产量占比 61.1%。

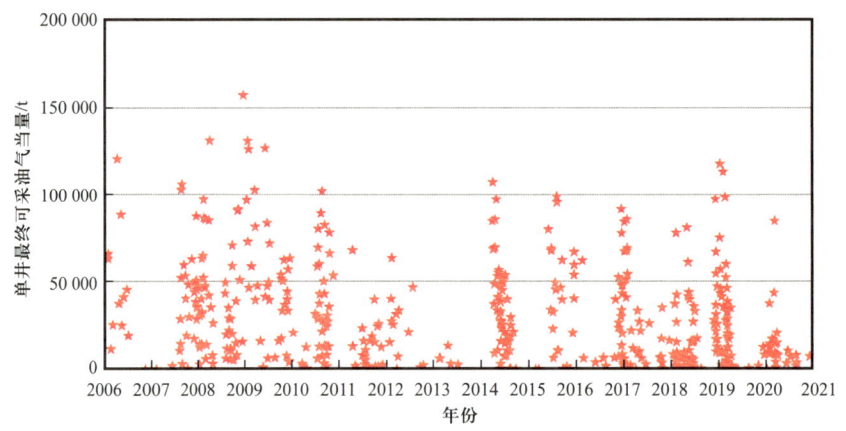

图 5-12 Austin Chalk 致密油气藏单井最终可采油当量散点分布图

将 Austin Chalk 致密油气藏单井最终可采油当量按 20 000 t 区间进行统计分析，图 5-13 为单井最终可采油当量统计分布图。单井最终可采油当量低于 20 000 t 的水平井 621 口，统计占比 36%。单井最终可采油当量 20 000～40 000 t 的水平井 368 口，统计占比 22%。单井最终可采油当量 40 000～60 000 t 的水平井 301 口，统计占比 18%。单井最终可采油当量 60 000～80 000 t 的水平井 189 口，统计占比 11%。单井最终可采油当量 80 000～100 000 t 的水平井 112 口，统计占比 7%。单井最终可采油当量 100 000～120 000 t 的水平井 49 口，统计占比 3%。单井最终可采油当量 120 000～140 000 t 的水平井 36 口，统计占比 2%。单井最终可采油当量 140 000～160 000 t 的水平井 15 口，统计占比 1%。单井最终可采油当量超 160 000 t 统计水平井 10 口。

Austin Chalk 致密油气藏开采表现为油气同采特征，将不同垂深水平井单井最终可采油当量中致密油产量占比进行统计分析。以 1000 m 垂深区间为间隔，图 5-14 为不同埋深区间单井最终可采油当量致密油产量占比统计分布图。垂深小于 1000 m 的水平井 17 口，单井最终可采油当量致密油产量占比均为100%。垂深1000~2000 m的水平井159口，统计单井最终可采油当量致密油产量占比中值为94%。垂深2000~3000 m的水平井178口，统计单井最终可采油当量致密油产量占比中值为87%。垂深3000~4000 m的水平井604口，统计单井最终可采油当量致密油产量占比中值为60%。Austin Chalk致密油气藏整体变现出随垂深增加，致密气产量占比增加、致密油占比下降趋势。

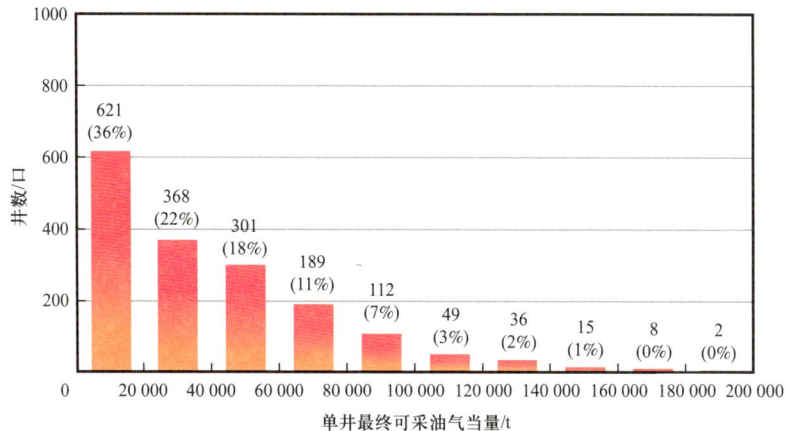

图5-13 Austin Chalk致密油气藏单井最终可采油当量统计分布图

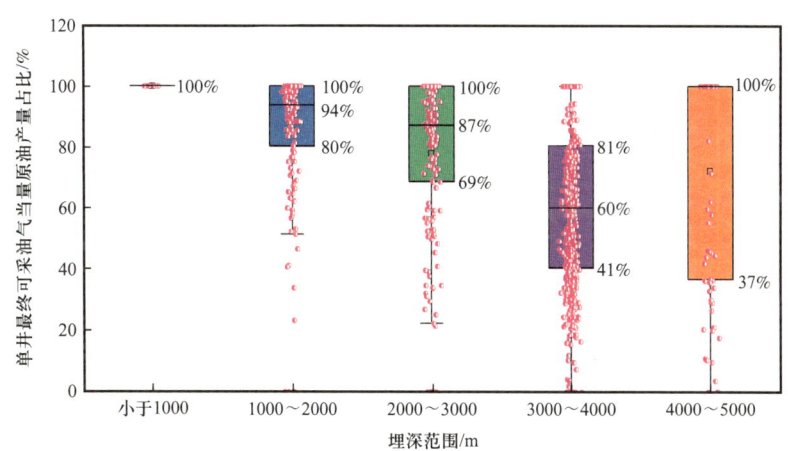

图5-14 Austin Chalk致密油气藏分埋深单井最终可采油当量构成统计分布图

将Austin Chalk致密油气藏不同年度投产井单井最终可采油当量进行统计分析，利用P25和P75统计值作为上下限值，同时结合P50统计值绘制不同年度单井最终可采油当量学习曲线。图5-15给出了Austin Chalk致密油气藏不同年度投产井单井最终可采油当量学习曲线。2011年以前统计水平井1399口，平均单井最终可采油当量33 881 t、P25单井最终可采油当量13 680 t、P50单井最终可采油当量26 410 t、P75单井最终可采油当量42 980 t。2011年统计水平井23口，平均单井最终可采油当量13 941 t、P25单井最终可采油当量2171 t、P50单井最终可采油当量10 992 t、P75单井最终可采油当量27 661 t。

2012年统计水平井13口，平均单井最终可采油当量24 467 t、P25单井最终可采油当量7249 t、P50单井最终可采油当量22 790 t、P75单井最终可采油当量33 778 t。2013年统计水平井5口，平均单井最终可采油当量26 374 t、P25单井最终可采油当量3 076 t、P50单井最终可采油当量26 251 t、P75单井最终可采油当量36 275 t。2014年统计水平井49口，平均单井最终可采油当量33 965 t、P25单井最终可采油当量15 607 t、P50单井最终可采油当量28 132 t、P75单井最终可采油当量49 022 t。2015年统计水平井26口，平均单井最终可采油当量29 227 t、P25单井最终可采油当量10 513 t、P50单井最终可采油当量30 327 t、P75单井最终可采油当量51 846 t。2016年统计水平井25口，平均单井最终可采油当量27 297 t、P25单井最终可采油当量6657 t、P50单井最终可采油当量23 762 t、P75单井最终可采油当量43 556 t。2017年统计水平井34口，平均单井最终可采油当量23 374 t、P25单井最终可采油当量2 522 t、P50单井最终可采油当量21 189 t、P75单井最终可采油当量35 013 t。2018年统计水平井63口，平均单井最终可采油当量20 343 t、P25单井最终可采油当量4468 t、P50单井最终可采油当量22 885 t、P75单井最终可采油当量29 976 t。2019年统计水平井46口，平均单井最终可采油当量26 554 t、P25单井最终可采油当量5631 t、P50单井最终可采油当量25 175 t、P75单井最终可采油当量32 397 t。2020年统计水平井25口，平均单井最终可采油当量24 553 t、P25单井最终可采油当量7180 t、P50单井最终可采油当量28 670 t、P75单井最终可采油当量34 703 t。

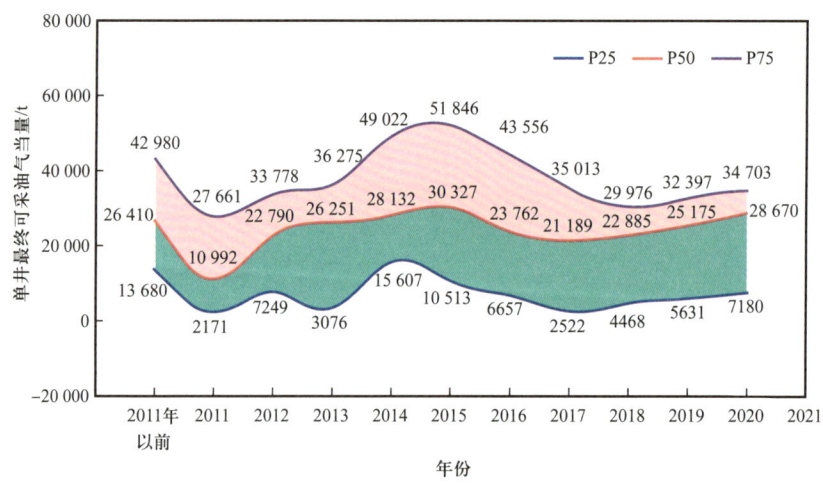

图5-15 Austin Chalk致密油气藏单井最终可采油当量学习曲线

Austin Chalk致密油气藏单井最终可采油当量总体呈相对稳定变化趋势，2011年以前投产井P50单井最终可采油当量26 410 t。除2011年外，其余年份的P50单井最终可采油当量均超过20 000 t。峰值P50单井最终可采油当量出现在2015年，达到30 327 t。2020年P50单井最终可采油当量为28 670 t。

利用许可日期、完钻垂深、水平井测深、水平段长、水垂比、钻井周期、机械钻速、压裂段数、压裂液量、支撑剂量、API 重度、平均段间距、用液强度、加砂强度、建井周期、首年累产油当量和单井最终可采油当量绘制相关系数矩阵图。图 5-16 为 12 800 个数据点绘制的 Austin Chalk 致密油气藏单井最终可采油当量影响因素相关系数矩阵图。单井最终可采油当量直接与首年累计产油当量、完钻垂深、水平井测深、水平段长、水垂比、压裂段数、压裂液量、支撑剂量、API 重度和用液强度正相关。

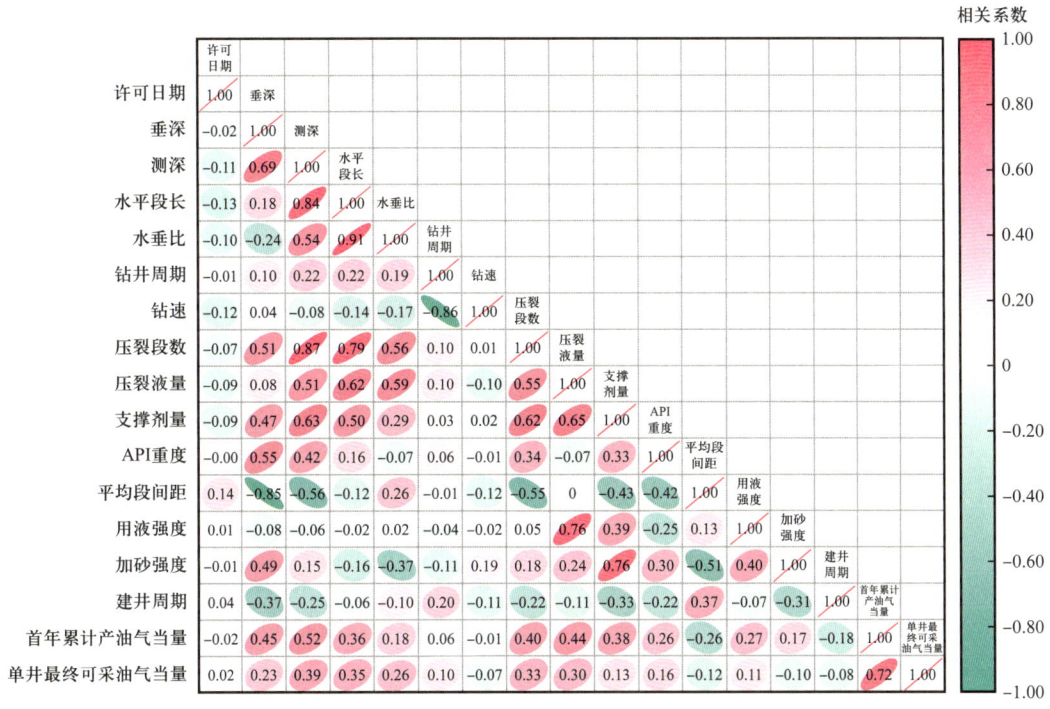

图 5-16 Austin Chalk 致密油气藏单井最终可采油当量影响因素相关系数矩阵图

5.4 百米段长可采储量

致密油气水平井单井最终可采油当量主要受气藏地质条件、水平井钻完井指标、分段压裂和采气工艺技术等多种因素影响。为了增加开发指标横向对比性,引入百米段长可采储量指标进行分析。百米段长可采储量是指水平井单位长度折算可采储量。由于 Austin 致密油气藏油气同采,因此本章针对百米段长可采油当量代替百米段长可采储量进行对比分析。

图 5-17 为 Austin Chalk 致密油气藏水平井百米段长可采油当量散点分布图,统计分段压裂水平井 639 口,百米段长可采油当量范围为(15.3~20 766)t/100 m,平均首年油当量产量递减率 3777 t/100 m、P25 首年油当量产量递减率 1349 t/100 m、P50 首年油当量产量递减率 2918 t/100 m、P75 首年油当量产量递减率 4756 t/100 m、M50 首年油当量产量递减率 2996 t/100 m。

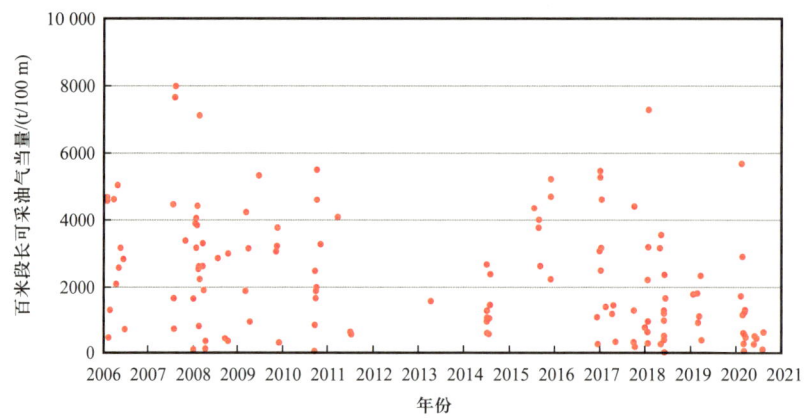

图 5-17 Austin Chalk 致密油气藏百米段长可采油当量散点分布图

将 Austin Chalk 致密油气藏百米段长可采油当量按 1000 t/100 m 区间进行统计分析，图 5-18 为百米段长可采油当量统计分布图。百米段长可采油当量低于 1000 t/100 m 的水平井 118 口，统计占比 18%。百米段长可采油当量（1000～2000）t/100 m 的水平井 103 口，统计占比 16%。百米段长可采油当量（2000～3000）t/100 m 的水平井 106，统计占比 17%。百米段长可采油当量（3000～4000）t/100 m 的水平井 84 口，统计占比 13%。百米段长可采油当量（4000～5000）t/100 m 的水平井 76 口，统计占比 12%。百米段长可采油当量（5000～6000）t/100 m 的水平井 41 口，统计占比 6%。百米段长可采油当量（6000～7000）t/100 m 的水平井 25 口，统计占比 4%。百米段长可采油当量（7000～8000）t/100 m 的水平井 22 口，统计占比 3%。百米段长可采油当量超 8000 t/100 m 统计水平井 23 口。

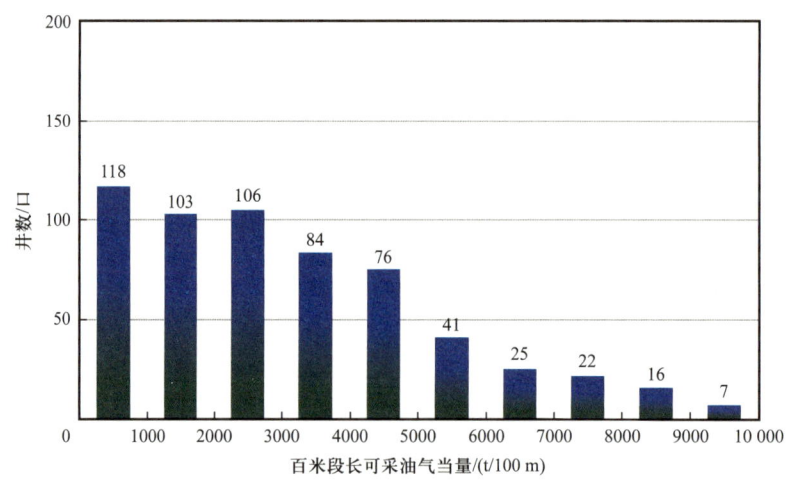

图 5-18 Austin Chalk 致密油气藏百米段长可采油当量统计分布图

图 5-19 为 Austin Chalk 致密油气藏分年度 P50 百米段长可采油当量统计分布图，P50 百米段长可采油当量峰值出现在 2015 年，为 3871 t/100 m。自 2015 年开始，百米段长可采油当量呈逐年下降趋势，到 2020 年 P50 百米段长可采油当量已下降至 1235 t/100 m。

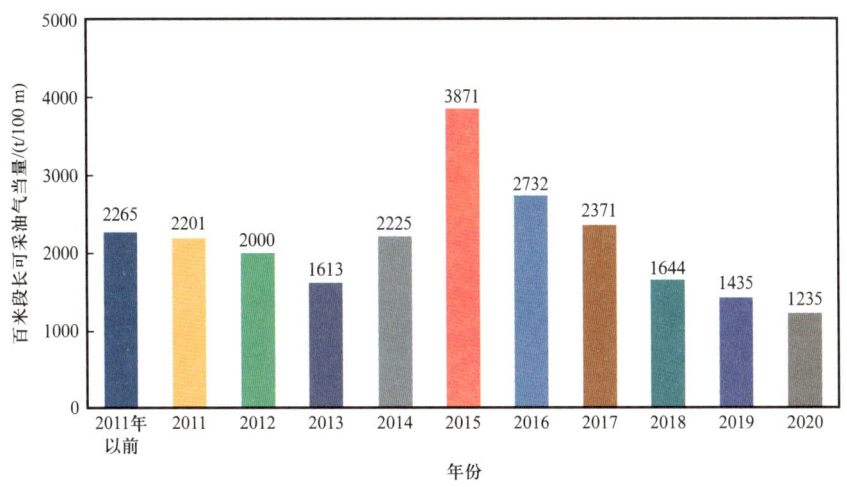

图 5-19 Austin Chalk 致密油气藏百米段长可采油当量统计分布图

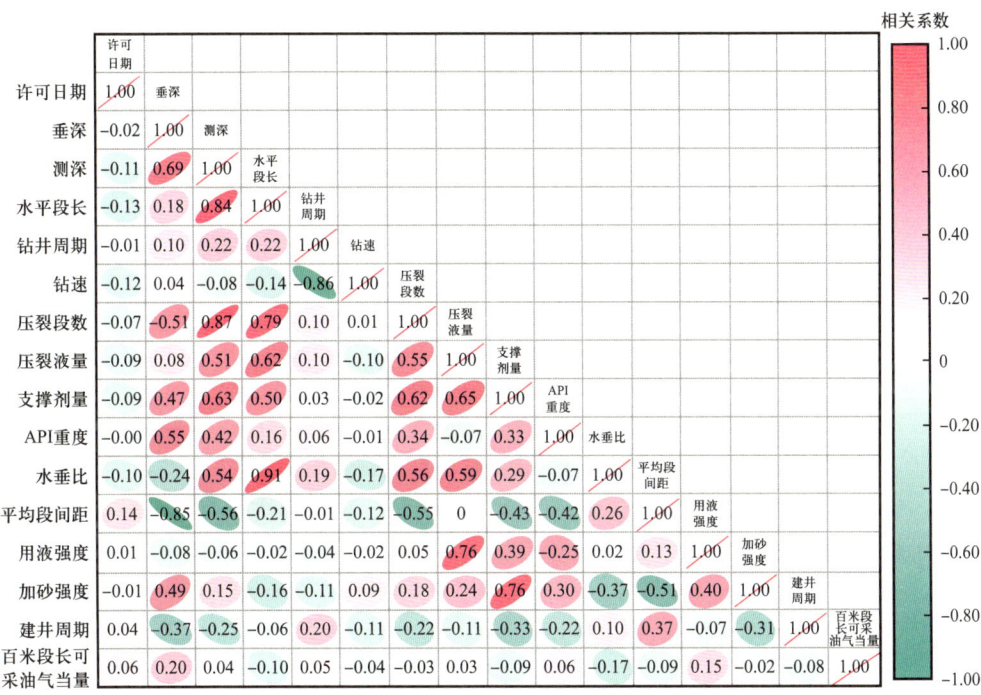

图 5-20 Austin Chalk 致密油气藏百米段长可采油当量影响因素相关系数矩阵图

图 5-20 为 Austin Chalk 致密油气藏百米段长可采油当量影响因素相关系数矩阵图，百米段长可采油当量与垂深和用液强度呈现较强相关性。图 5-21 为不同垂深区间百米段长可采油当量统计分布图。埋深范围 1000～2000 m 的水平井 126 口，P25 百米段长可采油当量 410 t/100 m、P50 百米段长可采油当量 795 t/100 m、P75 百米段长可采油当量 2011 t/100 m。埋深范围 2000～3000 m 的水平井 142 口，P25 百米段长可采油当量 582 t/100 m、P50 百米段长可采油当量 1049 t/100 m、P75 百米段长可采油当量 1722 t/100 m。埋深范围

3000~4000 m 的水平井 446 口，P25 百米段长可采油当量 2383 t/100 m、P50 百米段长可采油当量 4007 t/100 m、P75 百米段长可采油当量 6267 t/100 m。埋深范围 4000~5000 m 的水平井 27 口，P25 百米段长可采油当量 1856 t/100 m、P50 百米段长可采油当量 3106 t/100 m、P75 百米段长可采油当量 4274 t/100 m。Austin Chalk 致密油气藏百米段长可采油当量随埋深增加呈先增加后下降趋势，埋深 3000~4000 m 区间水平井百米段长可采油当量整体最高。

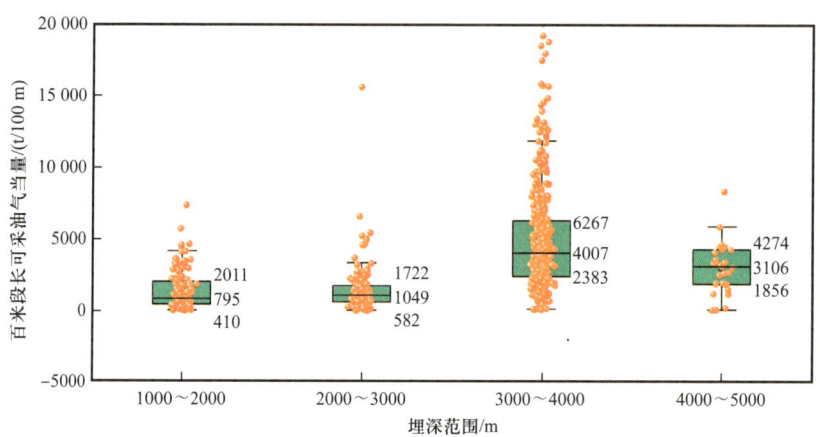

图 5-21　Austin Chalk 致密油气藏百米段长可采油当量分埋深统计分布图

5.5　百吨砂量可采储量

水平井分段压裂技术是致密油气等非常规油气资源的主体开发技术，通过将高压液体（压裂液）注入油气井中，迫使地层岩石发生断裂，形成人工诱导裂缝，最终提高油气井产能。加砂是指在油气藏内注入固体颗粒材料以增加岩石支撑力，从而提高裂缝导流能力。加砂强度是指单位压裂段长泵入的支撑剂量，是压裂措施规模的重要指标之一。为了便于横向对比分析，引入百吨砂量可采储量表征单位支撑剂消耗量能够从油气藏中获取的可采储量，本节则利用百吨砂量可采油气当量进行对比分析。

图 5-22 为 Austin Chalk 致密油气藏水平井百吨砂量可采油当量散点分布图，统计分段压裂水平井 323 口，百吨砂量可采油当量范围为（89~4984）t/100 t，平均首年油当量产量递减率 1695 t/100 t、P25 首年油当量产量递减率 969 t/100 t、P50 首年油当量产量递减率 1475 t/100 t、P75 首年油当量产量递减率 2231 t/100 t、M50 首年油当量产量递减率 1502 t/100 t。

将 Austin Chalk 致密油气藏百吨砂量可采油当量按 500 t/100 t 区间进行统计分析，图 5-23 为百吨砂量可采油当量统计分布图。百吨砂量可采油当量低于 500 t/100 t 的水平井 27 口，统计占比 8%。百吨砂量可采油当量（500~1000）t/100 t 的水平井 58 口，统计占比 18%。百吨砂量可采油当量（1000~1500）t/100 t 的水平井 84，统计占比 26%。

百吨砂量可采油当量（1500~2000）t/100 t 的水平井 56 口，统计占比 17%。百吨砂量可采油当量（2000~2500）t/100 t 的水平井 35 口，统计占比 11%。百吨砂量可采油当量（2500~3000）t/100 t 的水平井 21 口，统计占比 7%。百吨砂量可采油当量（3000~3500）t/100 t 的水平井 17 口，统计占比 5%。百吨砂量可采油当量（3500~4000）t/100 t 的水平井 13 口，统计占比 4%。百吨砂量可采油当量超 4000 t/100 t 的水平井 12 口。

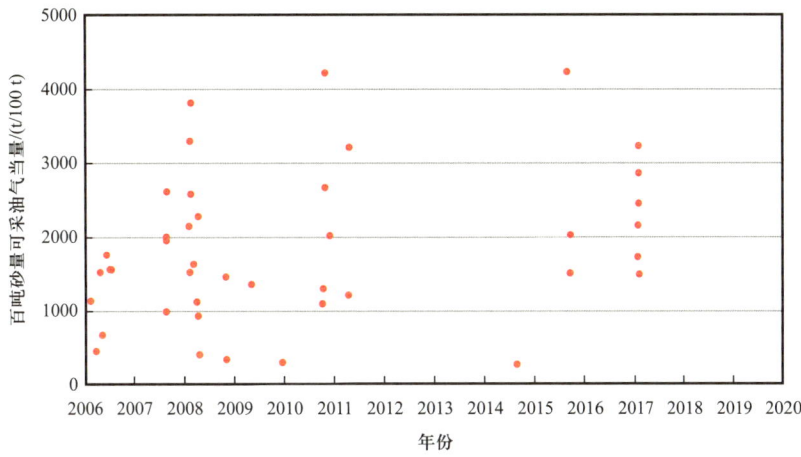

图 5-22 Austin Chalk 致密油气藏百吨砂量可采油气当量散点分布图

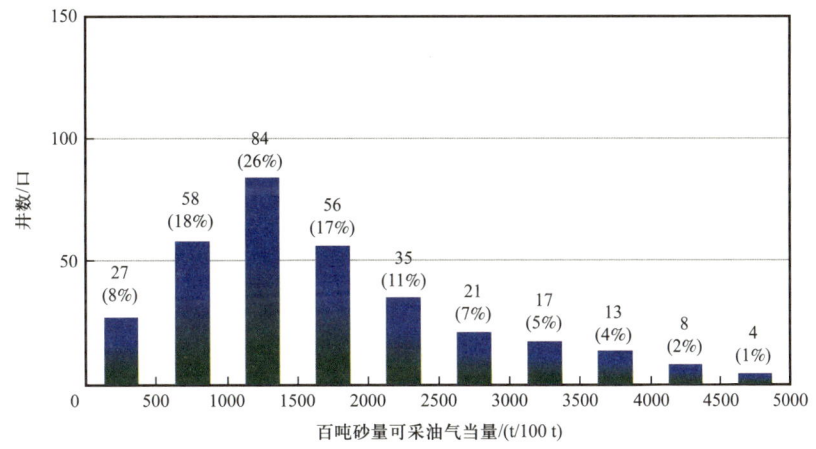

图 5-23 Austin Chalk 致密油气藏百吨砂量可采油气当量统计分布图

利用许可日期、完钻垂深、水平井测深、水平段长、钻井周期、机械钻速、压裂段数、压裂液量、支撑剂量、API 重度、水垂比、平均段间距、用液强度、加砂强度、建井周期和百吨砂量可采油气当量绘制相关系数矩阵图。图 5-24 为 5169 个数据点绘制的 Austin Chalk 致密油气藏百吨砂量可采油气当量影响因素相关系数矩阵图。水平井百吨砂量可采油气当量与许可日期、水垂比、平均段间距、用液强度和建井周期呈正相关性。

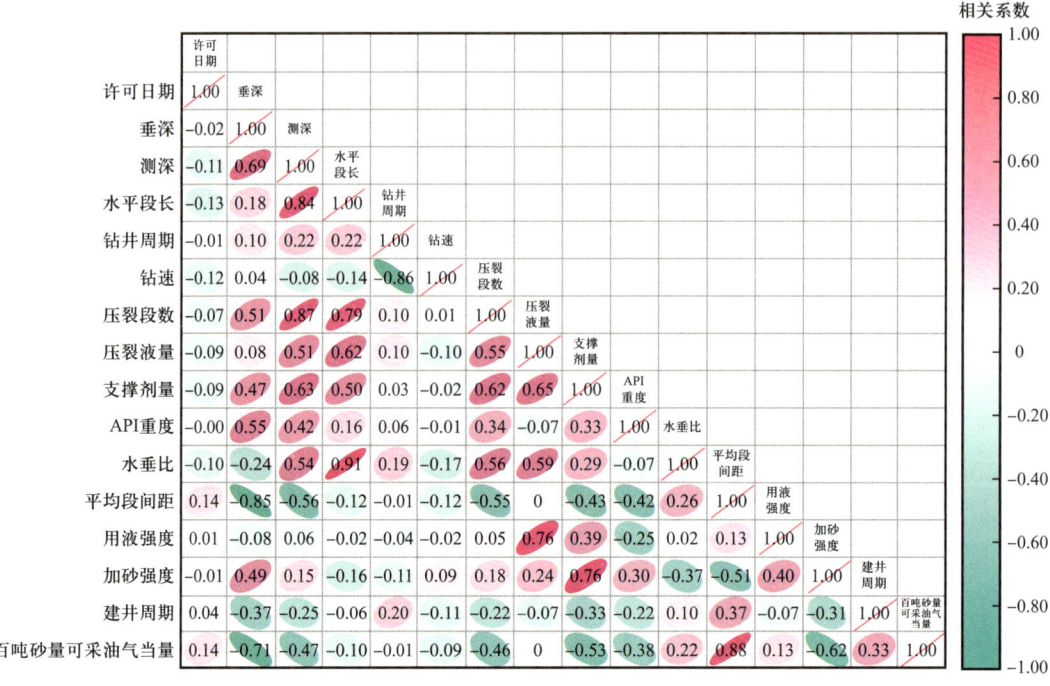

图 5-24 Austin Chalk 致密油气藏百吨砂量可采油气当量影响因素相关系数矩阵图

5.6 建井周期

水平井建井周期是指致密油气井自开钻到投产经历的时间，直接反映了水平井钻井及压裂等施工效率和"工厂化"组织实施效率。致密油气资源通常需要持续规模钻井以弥补产量递减和规模上产，建井周期是致密油气藏开发的关键指标。

图 5-25 为 Austin Chalk 致密油气藏水平井建井周期散点分布图，统计水平井 2881 口，建井周期范围为 1~1078 d，平均建井周期 199 d、P25 建井周期 52 d、P50 建井周期 93 d、P75 建井周期 191 d、M50 建井周期 99 d。

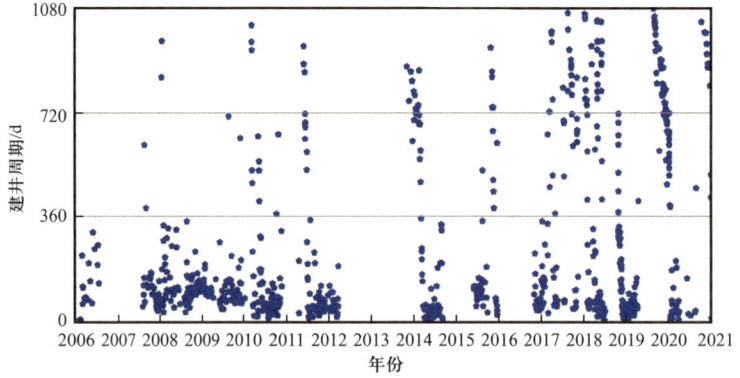

图 5-25 Austin Chalk 致密油气藏建井周期散点分布图

将 Austin Chalk 致密油气藏建井周期按 90 d 区间进行统计分析，图 5-26 为建井周期统计分布图。建井周期低于 90 d 的水平井 1382 口，统计占比 48%。建井周期 90~180 d 的水平井 746 口，统计占比 26%。建井周期 180~270 d 的水平井 184 口，统计占比 6%。建井周期 270~360 d 的水平井 77 口，统计占比 3%。建井周期 360~450 d 的水平井 56 口，统计占比 2%。建井周期 450~540 d 的水平井 60 口，统计占比 2%。建井周期 540~630 d 的水平井 56 口，统计占比 2%。建井周期 630~720 d 的水平井 84 口，统计占比 3%。建井周期超 720 d 的水平井 236 口，统计占比 8%。

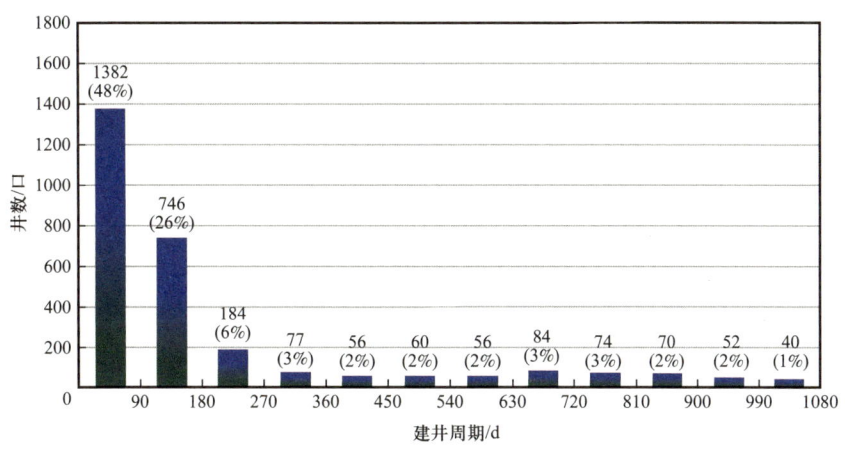

图 5-26　Austin Chalk 致密油气藏建井周期统计分布图

将 Austin Chalk 致密油气藏不同年度投产井建井周期进行统计分析，利用 P25 和 P75 统计值作为上下限值，同时结合 P50 统计值绘制不同年度建井周期学习曲线。图 5-27 给出了 Austin Chalk 致密油气藏不同年度投产井建井周期学习曲线。2011 年以前统计水平井 2284 口，平均建井周期 124 d、P25 建井周期 56 d、P50 建井周期 93 d、P75 建井周期 263 d。2011 年统计水平井 58 口，平均建井周期 134 d、P25 建井周期 48 d、P50 建井周期 93 d、P75 建井周期 269 d。2012 年统计水平井 21 口，平均建井周期 115 d、P25 建井周期 44 d、P50 建井周期 90 d、P75 建井周期 272 d。2013 年统计水平井 6 口，平均建井周期 135 d、P25 建井周期 3 d、P50 建井周期 90 d、P75 建井周期 252 d。2014 年统计水平井 79 口，平均建井周期 137 d、P25 建井周期 29 d、P50 建井周期 97 d、P75 建井周期 246 d。2015 年统计水平井 46 口，平均建井周期 166 d、P25 建井周期 51 d、P50 建井周期 134 d、P75 建井周期 306 d。2016 年统计水平井 22 口，平均建井周期 196 d、P25 建井周期 49 d、P50 建井周期 155 d、P75 建井周期 376 d。2017 年统计水平井 69 口，平均建井周期 219 d、P25 建井周期 72 d、P50 建井周期 227 d、P75 建井周期 422 d。2018 年统计水平井 138 口，平均建井周期 211 d、P25 建井周期 47 d、P50 建井周期 237 d、P75 建井周期 441 d。2019 年统计水平井 98 口，平均建井周期 238 d、P25 建井周期 43 d、P50 建井周期 281 d、P75 建井周期 501 d。2020 年统计水平井 50 口，平均建井周期 261 d、P25 建井周期 32 d、P50 建井周期 301 d、P75 建井周期 526 d。

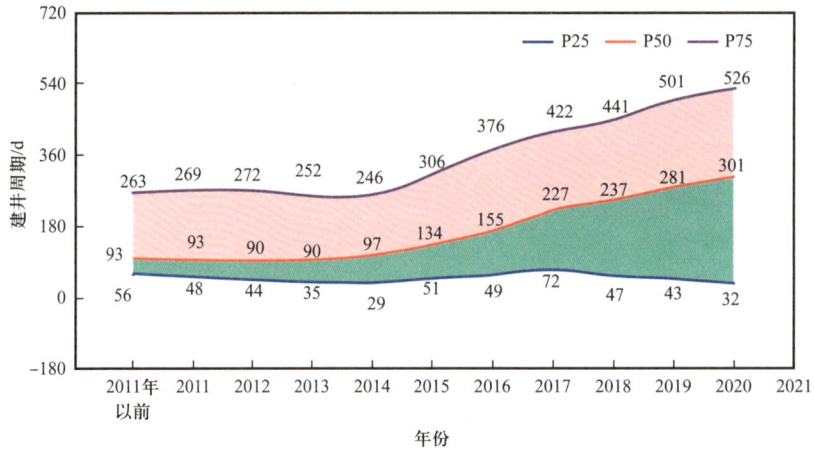

图 5-27　Austin Chalk 致密油气藏建井周期学习曲线

利用许可日期、完钻垂深、水平井测深、水平段长、钻井周期、机械钻速、压裂段数、压裂液量、支撑剂量、API 重度、水垂比、平均段间距、用液强度、加砂强度和建井周期绘制相关系数矩阵图。图 5-28 为 13 699 个数据点绘制的 Austin Chalk 致密油气藏建井周期影响因素相关系数矩阵图。建井周期与平均段间距、钻井周期和水垂比呈正相关性。

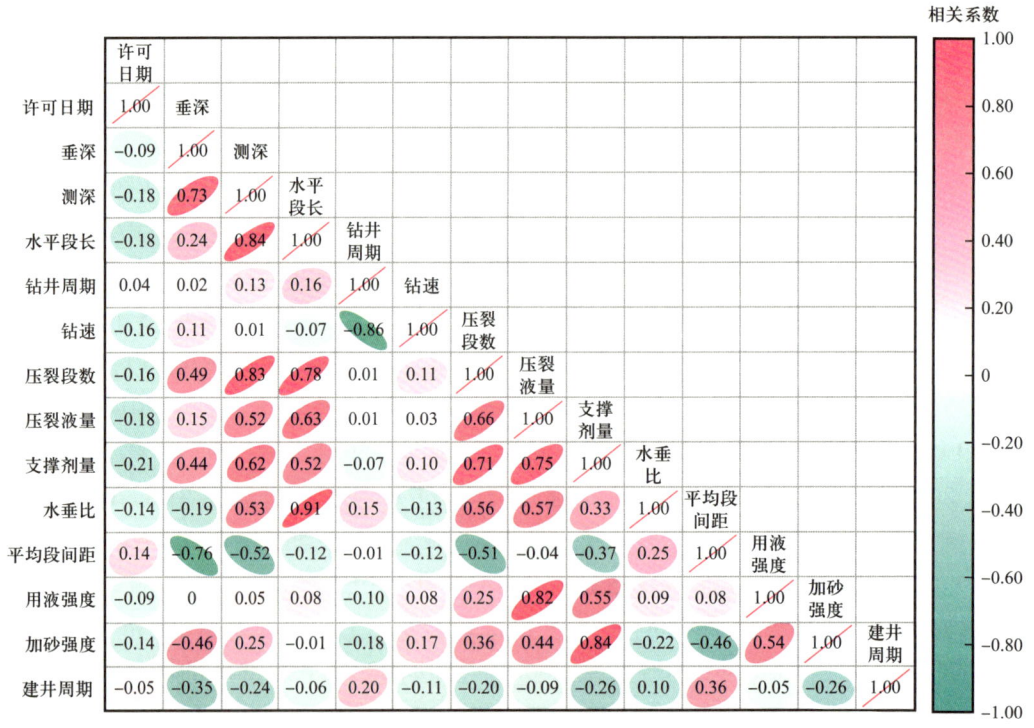

图 5-28　Austin Chalk 致密油气藏建井周期影响因素相关系数矩阵图

5.7 小结

本章主要针对 Austin Chalk 致密油气藏单井开发指标进行了统计分析，包括首年平均日产油气当量、单井典型生产规律、单井最终可采储量、百米段长可采储量、百吨砂量可采储量及建井周期。

Austin Chalk 致密油气藏单井最终可采油当量总体呈相对稳定变化趋势，2011 年以前投产井 P50 单井最终可采油当量 26 410 t。除 2011 年外，其余年份 P50 单井最终可采油当量均超过 20 000 t。峰值 P50 单井最终可采油当量出现在 2015 年，达到 30 327 t。2020 年 P50 单井最终可采油当量为 28 670 t。图 5-29 为单井百米段长可采油气当量分埋深统计分布图，浅层（垂深小于 2000 m）水平井百米段长可采油气当量靠左集中分布，中深层（垂深 2000~3500 m）和深层（垂深超过 3500 m）百米段长可采油气当量向右偏移。中深层水平井百米段长可采油气当量整体超过深层水平井开发效果。Austin Chalk 致密油气藏整体开发以产油为主，中深层水平井开发效果整体优于浅层和深层水平井。

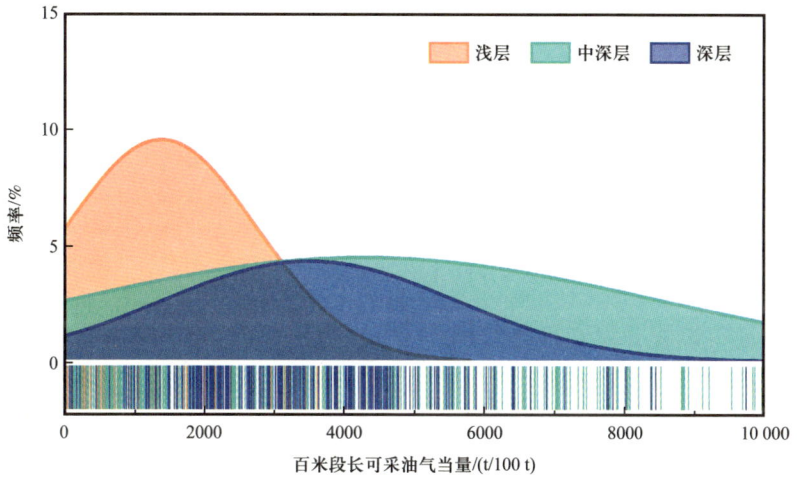

图 5-29 Austin Chalk 致密油气藏百米段长可采油气当量分埋深统计分布图

第6章 开发成本

致密油气是一种典型的低品位边际油气资源，极低的基质渗透率使致密油气储层必须经过体积压裂改造才能形成产能，单井控制体积小，钻井数量是常规油气田的几倍甚至几十倍，压裂改造作业规模也比常规天然气高很多，对技术和场地要求高，作业成本居高不下。致密油气开发单井钻压成本是总成本的主体构成部分。致密油气水平井单井成本包括钻完井成本和压裂成本。钻完井成本由钻井成本和固井成本构成。压裂成本包括水成本、支撑剂成本、泵送成本和其他成本。

6.1 开发成本构成

开发成本是决定产业发展的根本因素，致密油气也不例外。自2008年美国致密油气产业快速发展以来，外界便开始关注其成本问题，不同机构和学者得出的结论也不尽相同。致密油气的勘探开发包括矿权购置、钻井、完井、基础设施建设、天然气采集和处理、运输、污水处理等过程，据此将整个过程成本划分为矿权购置成本、单井钻压成本、基础设施成本和运营成本四个部分。

（1）矿权购置成本。

从事致密油气勘探开发必须先获得矿权，在美国现行矿产资源法案框架下，公司获得致密油气区矿权的方式有四类。① 早期战略性购置。作业者在页岩区块被开发前，仅以初步地质评价为依据购置矿权，此时区块内没有或仅有极少的致密油气钻探活动，且未开始先导生产，前景尚无法确定。这类区块由于缺少成功的勘探和商业生产案例，可能面临后续勘探不成功、无法实现商业开发的危险，其风险较大，但获取成本一般非常低。② 常规矿权扩展。目前美国主要致密油气区均位于成熟盆地内，有较长的常规油气勘探开发历史，有些作业者的致密油气矿权是通过早期收购或前期持有的常规油气区块获得。这类致密油气矿权获取方式的费用几乎可忽略不计，持有者有一定的成本优势。③ 快速跟进购置。没有能力独立获取致密油气区块的公司，可能会选择与已有相关资产的公司组建合资企业的方式获得进入机会。这通常出现在目标区块内已有致密油气勘探开发成功案例，相关风险大幅降低之后。但由于此时"甜点"区尚不明确，存在所进入区块无经济生产潜力的风险。④ 晚期跟随介入。即在致密油气区带已有成案例，且"甜点"已查明后购入矿权。此时页岩盆地或区块的风险已极低，但矿权购置成本是最高的，通常会是快速跟进购置时所需费用的3~4倍。

（2）单井钻压成本。

单井钻压成本包括使用钻机将一口井钻至目标层过程中所需的全部费用，可分为有形成本和无形成本两大类。前者包括套管、尾管等费用，后者包括钻头租赁、钻机租赁、钻井液、测录井服务、燃料等费用。致密油气水平井的单井成本与地质情况、深度、设计方案等有关，不同区带之间有较大差异。完井成本包括完井过程中的射孔、压裂、供水及水处理等所发生的费用，也包括有形成本和无形成本两大类，前者包括尾管、油管、采油树、封隔器等费用，后者包括各类压裂支撑剂、压裂液（包括化合物、瓜尔胶、水等）、大型压裂设备租赁、作业服务、水处理等费用。钻压成本约占致密油气勘探开发井口成本的60%左右。美国页岩区带的钻压成本主要受五大因素影响，即与钻机有关的费用、套管和固井费用、水力压裂设备费用、完井液和返排液处理费用、支撑剂费用。其中与钻机有关的费用与钻井效率、井深、钻机日租费用、钻井液用量和动力费用有关，套管与固井费用主要受钢材价格、井身结构和地层压力影响，水力压裂设备费用主要与所需设备的马力和压裂段数有关，完井液费用主要受用水量、所使用的化学剂及压裂液类型（如瓜尔胶、交联凝胶或滑溜水）影响，支撑剂费用与支撑剂类型、来源和用量有关。通常在较浅和压力较低的井中会使用天然砂含量较高的支撑剂，在较深和压力较高的井中会使用更多的人造支撑剂。

（3）基础设施成本。

基础设施包括道路与井场建设、地表设备（储罐、分离器、干燥器等）及人工举升设备等。目前，美国致密油气区内的基础设施费用在数十万美元左右。

（4）运营成本。

运营成本是开发运营过程中发生的各种费用，会因产液类型、作业位置、井的规模和产量水平而有差异。一般而言，陆上致密油气井的运营成本包括固定成本和可变成本两大类，前者是将致密油气采至井口的费用，主要包括人工举升、气井维护、修井等费用，也被称为开采成本；后者是将致密油气从井口运至采购点、交易中心或炼厂过程中所发生的费用，主要包括采集、处理、运输等费用。在美国，输送致密油气的中游设施由第三方公司运营，上游生产者根据输油气量向中游公司支付费用。① 开采成本：不同页岩区带甚至同一页岩区带不同地区的开采成本差距较大。就致密油气井整个生命周期而言，产量越高所需的开采成本也越高。② 采集、处理与运输成本：指致密油气生产商向中游公司支付的费用，不同公司间差异较大，通常在某一地区占据主要份额的生产商能够享受较低的费率。③ 水处理成本：致密油气生产过程中返排至地表的污水和压裂液需要进行处理。通常情况下，在致密油气井开始生产30~45天后产生的返排流体和地层水处理费用会计入运营成本中。受处理手段差异、回注和循环利用影响，致密油气井的水处理成本差距较大。④ 一般行政成本：目前美国致密油气井运营的一般行政成本大致为1~4美元/bbl油当量。

6.2 降低成本措施

2014年下半年以来,为应对油价暴跌带来的压力,北美地区的主要致密油气作业公司纷纷采取技术和管理措施,大幅度降低成本,取得了较好的成效。在钻完井设计、现场作业施工、作业管理及压裂作业等方面不断取得突破,通过采取钻井提速、减少非作业时间、压缩材料费用等措施有效地降低开发成本。

(1)钻完井优化设计。

通过加大水平井段长度,单井场多产层,应用水循环系统降低用水成本等措施系统降低钻井成本。结合水平井钻井技术现状持续增加水平段长,进而提高单井产量而摊销单位成本。应用单井场实现多产层共同开发,充分利用一次井场,减少井场占用面积,通过优化设计对地下储层进行多层开发,实现区块总体效益的提升。

完井优化设计包括压裂优化设计、完井方式优化设计、压裂液回收利用和一体化设计优化。为了增大裂缝与储层的接触面积,提高单井产能,采用多裂缝设计。通过加密射孔,缩短压裂间距,在同等长度水平段,可以布置更多的压裂级数。作业者针对储层各层位产油气特性,减少无效压裂层段,通过改进完井方式提高单井产能。页岩油气井压裂一般采用多级分段、高排量和超大液量的压裂模式,返排液量往往是常规压裂的十倍甚至十几倍。返排液中含有悬浮物、石油、重金属离子和细菌等,是一种污染性很强的废水。采用现场水循环系统,使现场水资源循环利用,节省成本且更加环保。钻井流体优化、完井设计、整体需求规划和计划、材料供应等一体化设计与管理方面具有充分优化空间。

(2)精细现场作业管理。

通过减少非作业时间,压缩材料成本,提高物流管理精度降低开发成本。具体措施包括广泛应用移动钻井平台、工厂批量钻井作业模式、拉链式压裂和交叉压裂作业模式等。利用移动钻井平台进行工厂化作业,可将常规钻井平台移动时间降至半个小时左右,可大量节省作业时间和成本。快速移动钻机具有便携、快速、灵活、安全等特点。钻机的液压系统能使钻机稳定、可靠、安全、精确移动和举升。钻机转盘和驱动内置于钻台,导轨内置于桅杆,安装快速。陆续采用批量钻井进行工厂化钻完井,大幅减少非作业时间。批量钻井主要指按照顺序批量完成多口井的表层、直井段和水平井段。可以利用不同的钻机或者单一钻机,实现在同一井组中相同井段同时配置钻机和底部钻具,节省大量换钻具时间。拉链式压裂广泛应用于并行的两井组,两井组同时并行压裂。目前在一个井组中也广泛应用了交叉压裂,即相邻的两口井进行交叉压裂,可以增加相互的地层干扰,提高产量。

(3)过程管理优化。

通过对材料、管理、设计进行综合优化,进一步降低成本。将致密油气勘探开发管理划分为一体化设计（规划）、钻完井管理和技术服务、物流管理、材料管理、钻井自动化和分析、专业合作（钻井、地质、作业者及施工方）六大领域综合优化进一步降低开发成本。

（4）老井重复压裂。

老井重复压裂已成为作业者提高产能、降低作业成本的一种有效方法。重复压裂成本是新钻井钻完井成本的 20%～35%，压后能恢复 31%～76% 的初产量，具有较好的经济效益。

6.3 影响因素分析

致密油气水平井钻井及压裂成本主要受区域地质条件、井身结构参数、分段压裂规模及强度等多重因素影响。北美页岩油气钻井广泛采用日费制模式降低钻完成本。日费制是石油技术服务领域钻井承包方式之一。日费制就是由公司提供钻头、钻井液、套管、水泥及钻前、运输、固井、测井、测试等有关专业技术服务，钻井承包商提供钻井船（或平台）、钻机、辅助设备和人员设备。油公司按双方合同中规定的日费标准和钻井船（或平台）在工区作业日数向钻井承包商支付工程费用。在这种承包方式中，油公司承担几乎所有的地质风险和工程风险，包括地层压力高于预测值、漏失、卡钻、打捞、实际钻速低于预期钻速及其他不确定因素造成的风险，但设备故障造成钻机不能作业的损失由钻井承包商承担。日费的变化主要根据以下几个方面的因素：一是国际油价水平，当油价上升，技术服务承包商要分享高油价带来的暴利，带动了工程技术服务费用的上扬。二是海上勘探不断获得新的发现，海洋石油开发掀起热潮，钻井数量激增，钻井平台供不应求时，日费水平将会大幅度提高。因此，钻井相关成本直接与钻井周期相关。

利用许可日期、完钻垂深、水平井测深、水平段长、钻井周期、机械钻速、水垂比、压裂段数、压裂液量、支撑剂量、API 重度、平均段间距、用液强度、加砂强度、单井总成本、钻井成本、固井成本、水成本、支撑剂成本、泵送成本、其他成本、建井周期和单井最终可采油气当量绘制 Austin Chalk 致密油气藏水平井钻压成本影响因素相关系数矩阵图，图 6-1 为 8030 个数据点绘制的水平井钻压成本影响因素相关系数矩阵图。单井钻压成本和钻井周期、水平井测深、水平段长、水垂比、压裂液量、平均段间距、压裂段数、支撑剂量、垂深等因素相关。钻井成本主要影响因素包括垂深、水平井测深和水垂比。固井成本主要影响因素包括水平井测深、水平段长和水垂比。水成本主要影响因素为用液强度。支撑剂成本主要影响因素为支撑剂用量。通过成本影响因素相关系数矩阵初步判断不同因素与成本相关性，为后续单位成本标准指标选取及计算提供依据。

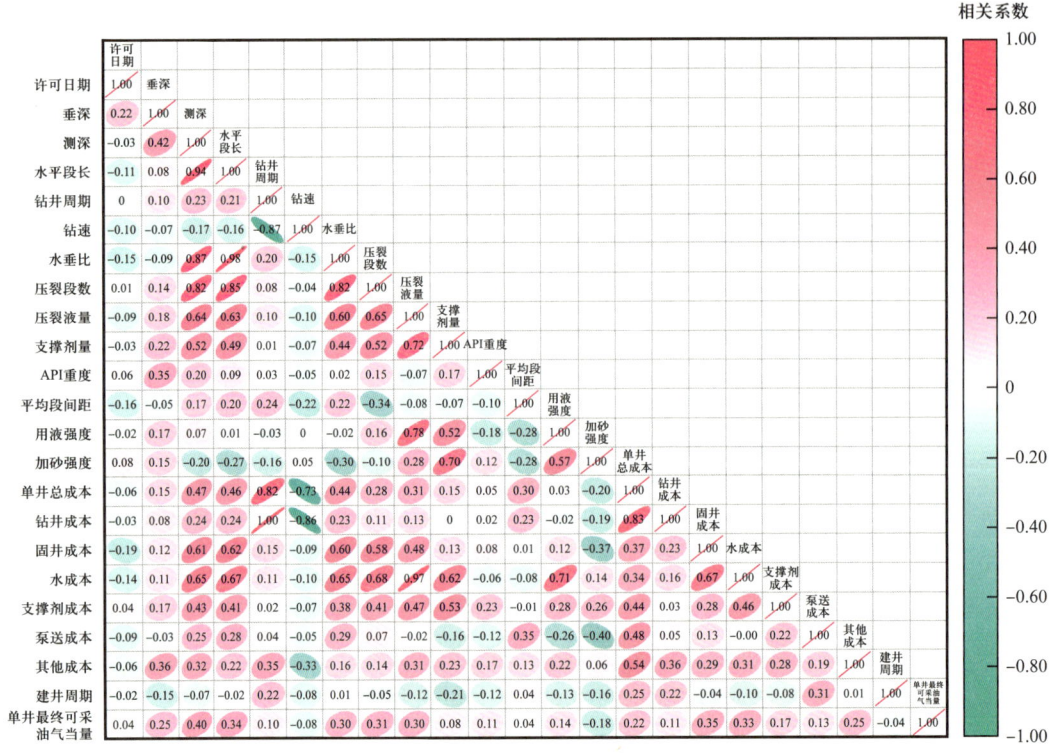

图 6-1 Austin Chalk 致密油气藏钻压成本影响因素相关系数矩阵图

6.4 单井钻压成本

图 6-2 为 Austin Chalk 致密油气藏水平井单井钻压成本散点分布图,统计水平井 385 口,单井钻压成本范围为(234~1090)万美元,平均单井钻压成本 571 万美元、P25 单

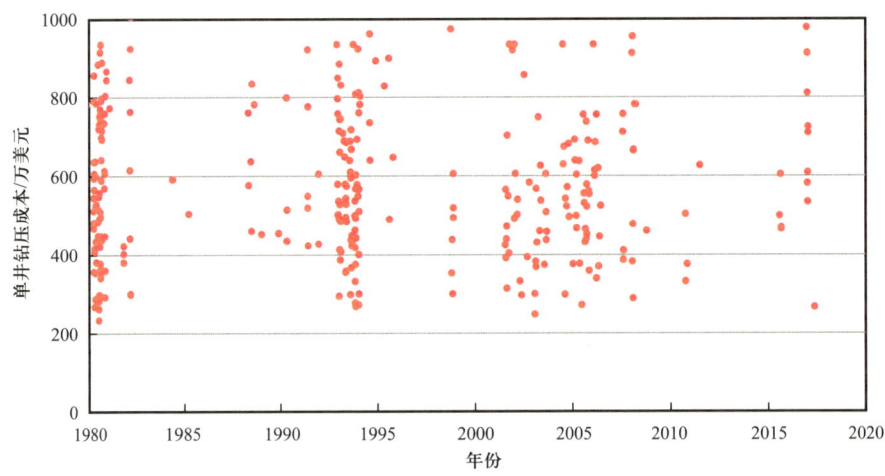

图 6-2 Austin Chalk 致密油气藏单井钻压成本散点分布图

井钻压成本 431 万美元、P50 钻压成本 539 万美元、P75 首年单井钻压成本 716 万美元、M50 单井钻压成本 551 万美元。

Austin Chalk 单井钻压成本细分为钻井成本、固井成本、水成本、支撑剂成本、泵送成本和其他成本。将钻井和固井成本汇总归类为单井钻完井成本，将水成本、支撑剂成本、泵送成本和其他成本汇总归类为压裂成本。Austin Chalk 致密油气藏 385 口井成本统计结果显示，单井钻压成本中钻完井成本占比范围为 10.6%～87.5%，平均钻完井成本占比 46.1%、P25 钻完井成本占比 35.4%、P50 钻完井成本占比 44.7%、P75 钻完井成本占比 56.3%、M50 钻完井成本占比 45.3%。

Austin Chalk 致密油气藏 385 口井成本统计结果显示，单井钻压成本中压裂成本占比范围为 12.5%～89.4%，平均钻完井成本占比 53.9%、P25 钻完井成本占比 43.7%、P50 钻完井成本占比 55.3%、P75 钻完井成本占比 64.6%、M50 钻完井成本占比 54.7%。将统计 385 口水平井单井钻完井和压裂成本做累计统计，单井钻完井成本累计占比总单井钻压成本 46.6%，累计压裂成本占比 53.4%。总体而言，单井钻压成本中，压裂成本占比略高于钻完井成本。

将 Austin Chalk 致密油气藏单井钻压成本按 100 万美元区间进行统计分析，图 6-3 为单井钻压成本统计分布图。单井钻压成本（200～300）万美元的水平井 28 口，统计占比 7%。单井钻压成本（300～400）万美元的水平井 47 口，统计占比 12%。单井钻压成本（400～500）万美元的水平井 81 口，统计占比 21%。单井钻压成本（500～600）万美元的水平井 76 口，统计占比 20%。单井钻压成本（600～700）万美元的水平井 50 口，统计占比 13%。单井钻压成本（700～800）万美元的水平井 53 口，统计占比 14%。单井钻压成本（800～900）万美元的水平井 25 口，统计占比 6%。单井钻压成本超 900 万美元的水平井 21 口，统计占比 5%。图 6-4 为 Austin Chalk 统计 385 口水平井单井钻压成本构成图。

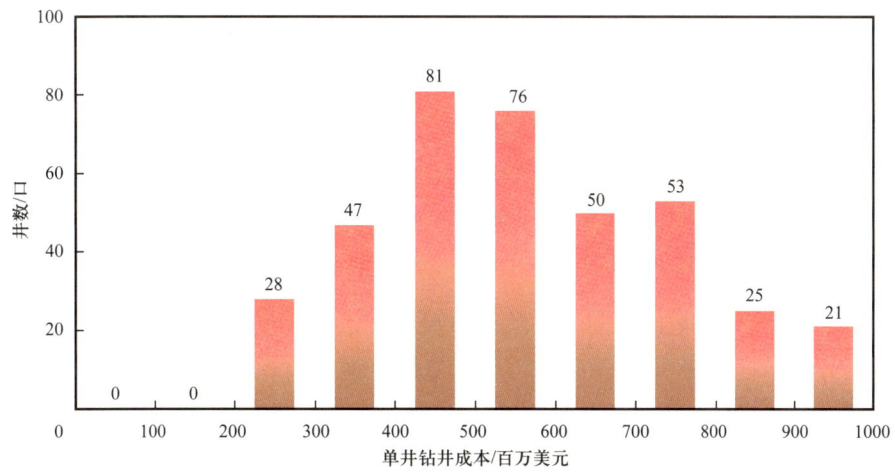

图 6-3　Austin Chalk 致密油气藏单井钻压成本统计分布图

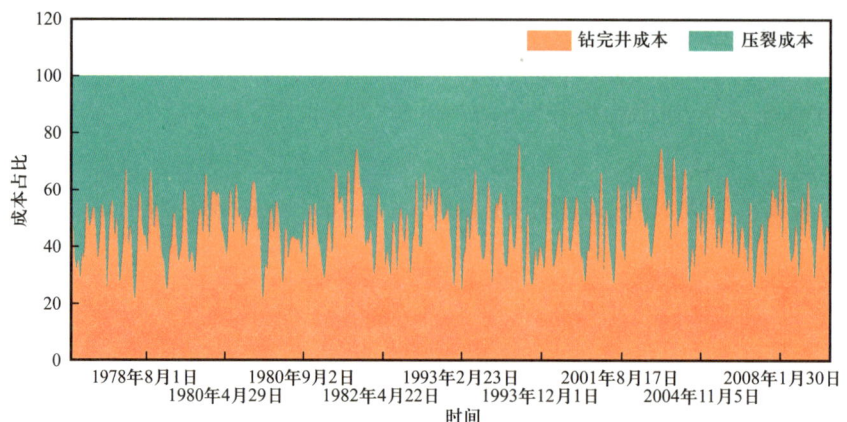

图 6-4　Austin Chalk 致密油气藏单井钻压成本构成图

6.5 钻井成本

单井钻井成本主要受气藏地质条件、水平井钻井技术水平、垂深、测深、水平段长、水垂比等因素影响。图 6-5 为 Austin Chalk 致密油气藏单井钻井成本散点分布图，统计水平井 385 口，单井钻井成本范围为（7~803）万美元，平均单井钻井成本 234 万美元、P25 单井钻井成本 132 万美元、P50 钻井成本 213 万美元、P75 首年单井钻井成本 281 万美元、M50 单井钻井成本 209 万美元。

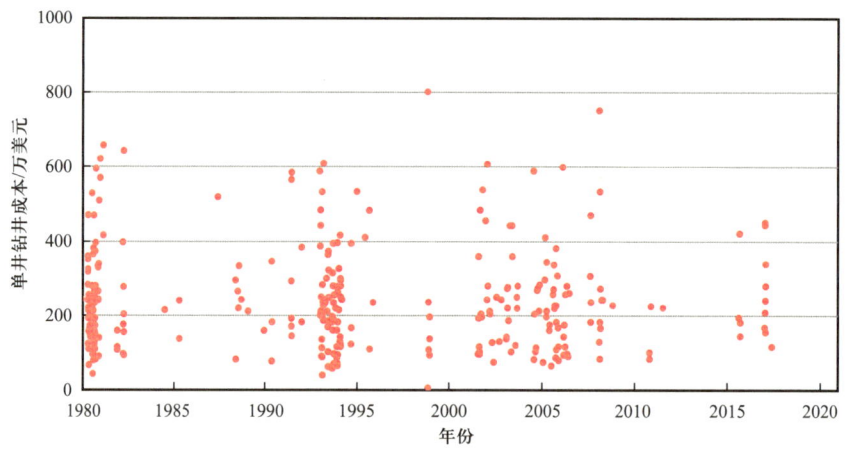

图 6-5　Austin Chalk 致密油气藏单井钻井成本散点分布图

图 6-6 为 Austin Chalk 致密油气藏单位进尺钻井成本散点分布图，单位进尺钻井成本是指单井钻井成本与完钻井测深比值，可近似用于横向对比分析钻井成本。统计水平井 385 口，单位进尺钻井成本范围为 14~2284 美元 /m，平均单位进尺钻井成本 477 美元 /m、P25 单位进尺钻井成本 272 美元 /m、P50 钻压成本 419 美元 /m、P75 首年单位进尺钻井成本 605 美元 /m、M50 单位进尺钻井成本 425 美元 /m。

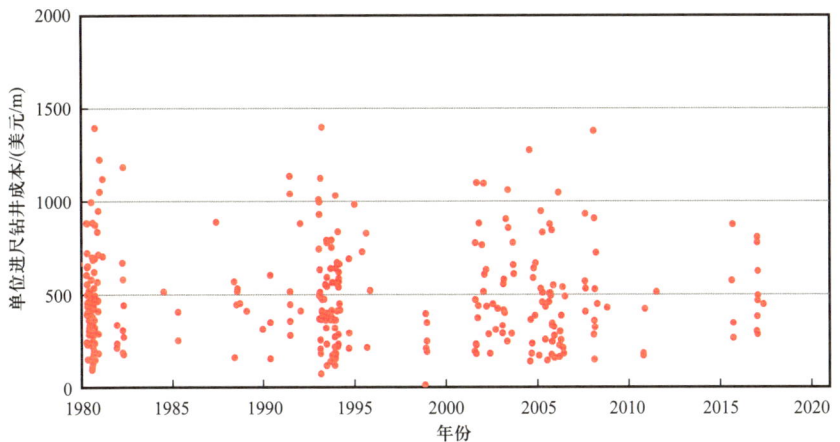

图 6-6　Austin Chalk 致密油气藏单位进尺钻井成本散点分布图

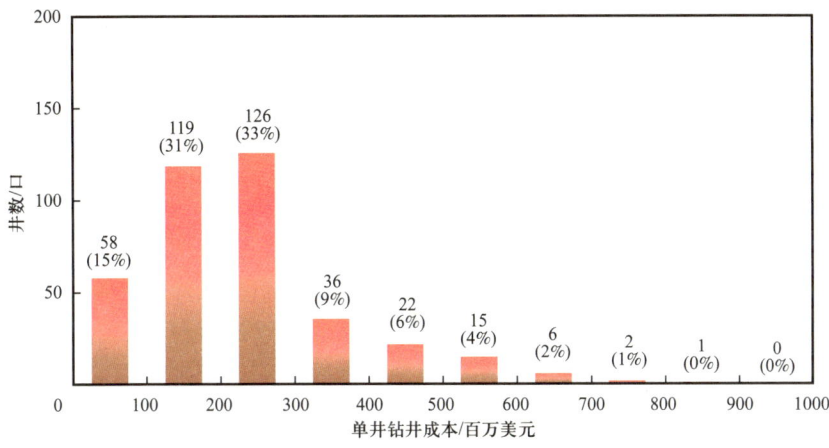

图 6-7　Austin Chalk 致密油气藏单井钻井成本统计分布图

将 Austin Chalk 致密油气藏单井钻井成本按 100 万美元区间进行统计分析，图 6-7 为单井钻井成本统计分布图。单井钻井成本低于 100 万美元的水平井 58 口，统计占比 15%。单井钻井成本（100~200）万美元的水平井 119 口，统计占比 31%。单井钻井成本（200~300）万美元的水平井 126 口，统计占比 33%。单井钻井成本（300~400）万美元的水平井 36 口，统计占比 9%。单井钻井成本（400~500）万美元的水平井 22 口，统计占比 6%。单井钻井成本（500~600）万美元的水平井 15 口，统计占比 4%。单井钻井成本（600~700）万美元的水平井 6 口，统计占比 2%。单井钻井成本（700~800）万美元的水平井 2 口，统计占比 1%。单井钻井成本超 800 万美元的水平井 1 口。

将 Austin Chalk 致密油气藏单位进尺钻井成本按 200 美元/m 区间进行统计分析，图 6-8 为单位进尺钻井成本统计分布图。单位进尺钻井成本低于 200 美元/m 的水平井 54 口，统计占比 14%。单位进尺钻井成本 200~400 美元/m 的水平井 123 口，统计占比 32%。单位进尺钻井成本 400~600 美元/m 的水平井 111 口，统计占比 29%。单位进尺钻井成本

600~800美元/m的水平井50口，统计占比13%。单位进尺钻井成本800~1000美元/m的水平井26口，统计占比7%。单位进尺钻井成本超1200美元/m的水平井7口。

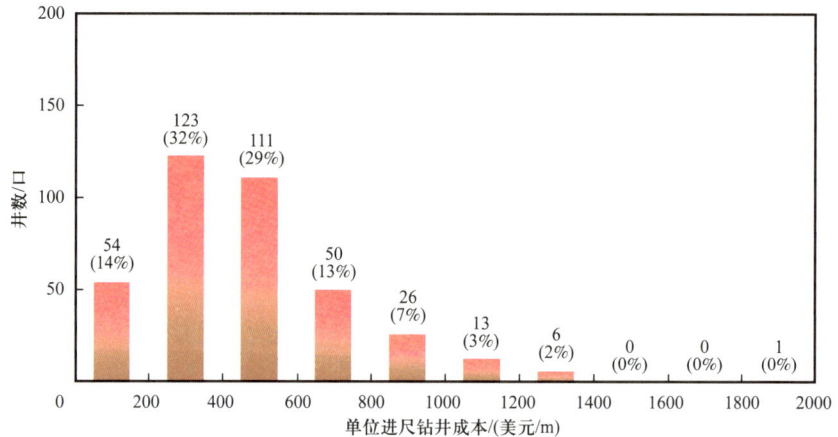

图6-8 Austin Chalk致密油气藏单位进尺钻井成本统计分布图

6.6 固井成本

固井是油气井建井过程中最为重要的环节之一，其主要目的就是封隔井内的油层、气层、水层，防止层间相互串通，保护油气井套管，增加油气井的寿命。对于致密油气水平井固井而言，页岩含泥质较多，具有易膨胀、易破碎的特点，致密油气储层多为低孔低渗，90%以上的致密油气井的完井方式是套管固井后射孔，采用多级压裂技术来提高致密油气的产量。因此，在固井过程中能否有效封固致密油气储层，是后期延长致密油气井生产寿命和稳产的关键。

作为勘探开发过程中一个非常重要的环节，固井工程在具体施工过程中的施工质量对致密油气水平井产能和有效开发周期会产生直接影响。致密油气藏的储层特征和提高单井产能的勘探开发目标决定了致密油气水平井钻完井工艺特点，而储层特征及钻完井工艺特点又共同决定了致密油气水平井固井所面临的难点：

（1）油基钻井液置换及界面清洗困难，顶替效率不高。油基钻井液的清除是致密油气水平井固井中最重要的一个工作。油基钻井液黏度高、附着力强，常规水基前置液对其清洗和驱替效果差。

（2）管串安全下入难度大。致密油气水平井水平段长，大斜度井段、水平井段高伽马碳质页岩易垮塌，造成井眼不规则，形成大肚子井眼，管串下入时易阻卡。多级分段压裂所需完井工具管串结构复杂，下入过程中损坏风险大。

（3）固井过程中的井漏。无论是在常规油气藏还是致密油气藏固井中，井漏都是时常遇到的复杂事故。固井作业过程中，浆柱产生的正压差要比钻井过程中的压差大得多，且要求水泥浆返至地面，封固段长，顶替后期易出现漏失。

（4）固井后早期气窜。虽然致密油气藏储层的渗透率低，但其储层的压力比较高，固井后早期气窜将影响界面胶结质量，降低水泥环性能。

（5）对水泥浆和水泥石性能要求高。良好的固井胶结质量和水泥石性能是致密油气井长期生产寿命和水力压裂有效性的重要保证。

图 6-9 为 Austin Chalk 致密油气藏单井固井成本散点分布图，统计水平井 385 口，单井固井成本范围为（15～62）万美元，平均单井固井成本 33 万美元、P25 单井固井成本 26 万美元、P50 固井成本 31 万美元、P75 首年单井固井成本 39 万美元、M50 单井固井成本 31 万美元。

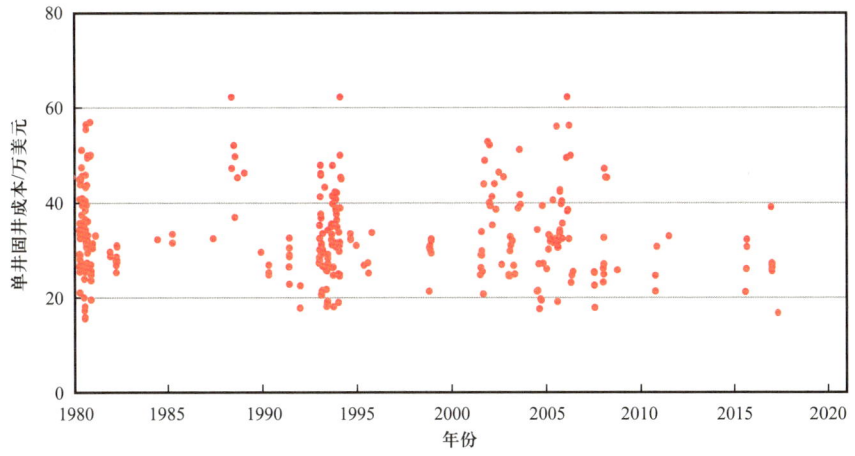

图 6-9　Austin Chalk 致密油气藏单井固井成本散点分布图

图 6-10 为 Austin Chalk 致密油气藏单位进尺固井成本散点分布图，统计水平井 385 口，单位进尺固井成本范围为 36～159 美元 /m，平均单位进尺固井成本 67 美元 /m、P25 单位进尺固井成本 51 美元 /m、P50 固井成本 64 美元 /m、P75 首年单位进尺固井成本 78 美元 /m、M50 单位进尺固井成本 61 美元 /m。

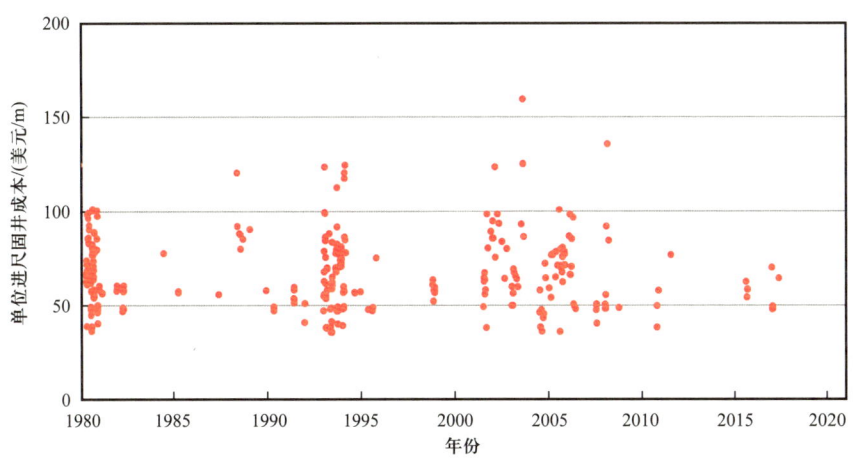

图 6-10　Austin Chalk 致密油气藏单位进尺固井成本散点分布图

将 Austin Chalk 致密油气藏单井固井成本按 10 万美元区间进行统计分析，图 6-11 为单井固井成本统计分布图，单井固井成本（10~20）万美元的水平井 25 口，统计占比 6%。单井固井成本（20~30）万美元的水平井 135 口，统计占比 35%。单井固井成本（30~40）万美元的水平井 142 口，统计占比 37%。单井固井成本（40~50）万美元的水平井 62 口，统计占比 16%。单井固井成本（50~60）万美元的水平井 17 口，统计占比 4%。单井固井成本（60~70）万美元的水平井 4 口，统计占比 1%。

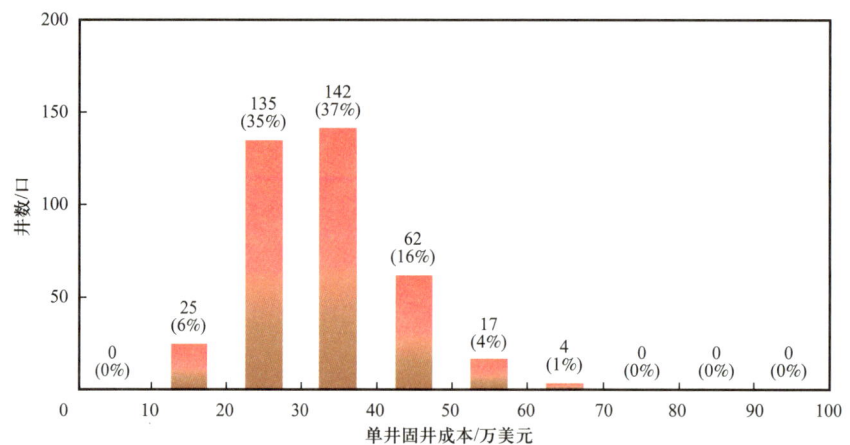

图 6-11　Austin Chalk 致密油气藏单井固井成本统计分布图

将 Austin Chalk 致密油气藏单位进尺固井成本按 10 美元 /m 区间进行统计分析，图 6-12 为单位进尺固井成本统计分布图，单位进尺固井成本 30~40 美元 /m 的水平井 27 口，统计占比 7%。单位进尺固井成本 40~50 美元 /m 的水平井 63 口，统计占比 16%。单位进尺固井成本 50~60 美元 /m 的水平井 83 口，统计占比 22%。单位进尺固井成本 60~70 美元 /m 的水平井 63 口，统计占比 16%。单位进尺固井成本 70~80 美元 /m 的水平井 68 口，统计占比 18%。单位进尺固井成本 80~90 美元 /m 的水平井 38 口，统计占

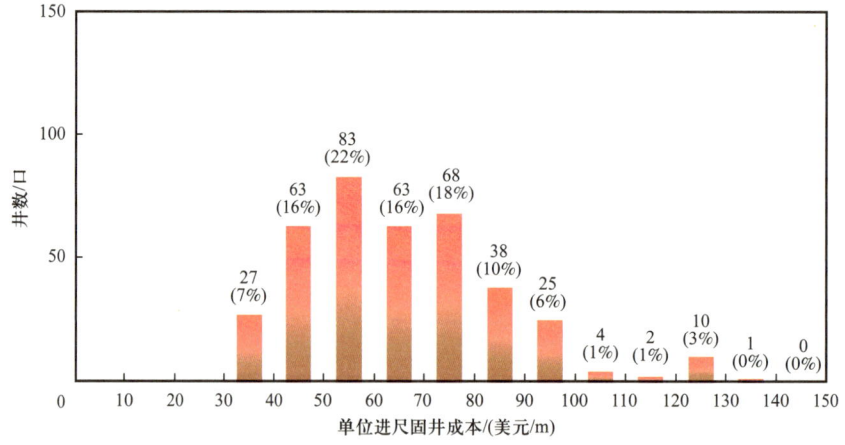

图 6-12　Austin Chalk 致密油气藏单位进尺固井成本统计分布图

比 10%。单位进尺固井成本 90～100 美元 /m 的水平井 25 口，统计占比 6%。单位进尺固井成本 100～110 美元 /m 的水平井 4 口，统计占比 1%。单位进尺固井成本 110～120 美元 /m 的水平井 2 口，统计占比 1%。单位进尺固井成本 120～130 美元 /m 的水平井 10 口，统计占比 3%。单位进尺固井成本 130～140 美元 /m 的水平井 1 口。Austin Chalk 致密油气藏单位进尺固井成本主体分布在 40～80 美元 /m 区间。

6.7 压裂成本

随着致密油气开发深入，常规直井已经无法满足开发要求，水平井和水平井分段压裂技术目前已经成为北美致密油气藏有效开发的主体技术。水平井压裂技术分为水平井多级可钻式桥塞封隔分段压裂技术和水平井封隔器分段压裂技术。其中，水平井多级可钻式桥塞封隔分段压裂技术的主要特点是套管压裂、多段分簇射孔、可钻式桥塞（钻时小于分）封隔。水平井封隔器分段压裂技术包括水平井多级滑套封隔器分段压裂技术、水平井膨胀式封隔器分段压裂技术、水平井水力喷射分段压裂技术和水平井多井同步压裂技术类型。Austin Chalk 致密油气藏开发初期采用直井开发，但生产效果并不理想，后期转向水平井分段压裂开发模式，产量大幅提升。

致密油气水平井压裂成本由水成本、支撑剂成本、泵送成本和其他成本构成。致密油气水平井压裂成本受区域地层复杂程度、完钻井深、水平段长、测深、水垂比、压裂段数、压裂液量、支撑剂量、平均段间距、用液强度、加砂强度、砂液比、施工作业模式等多重因素影响。除压裂成本外，本书引入百米段长压裂成本和单段压裂成本用于横向对比分析。

图 6-13 为 Austin Chalk 致密油气藏单井压裂成本散点分布图，统计水平井 385 口，单井压裂成本范围为（46～815）万美元，平均单井压裂成本 304 万美元、P25 单井压裂成本 207 万美元、P50 压裂成本 289 万美元、P75 首年单井压裂成本 374 万美元、M50 单井压裂成本 288 万美元。

图 6-14 为 Austin Chalk 致密油气藏百米段长压裂成本散点分布图，统计水平井 371 口，百米段长压裂成本范围为（6～51）万美元 /100 m，平均百米段长压裂成本 20 万美元 /100 m、P25 百米段长压裂成本 16 万美元 /100 m、P50 压裂成本 19 万美元 /100 m、P75 首年百米段长压裂成本 23 万美元 /100 m、M50 百米段长压裂成本 20 万美元 /100 m。

将 Austin Chalk 致密油气藏单井压裂成本按 100 万美元区间进行统计分析，图 6-15 为单井压裂成本统计分布图，单井压裂成本低于 100 万美元的水平井 6 口，统计占比 2%。单井压裂成本（100～200）万美元的水平井 85 口，统计占比 22%。单井压裂成本（200～300）万美元的水平井 109 口，统计占比 28%。单井压裂成本（300～400）万美元的水平井 107 口，统计占比 28%。单井压裂成本（400～500）万美元的水平井 55 口，统计占比 14%。单井压裂成本（500～600）万美元的水平井 15 口，统计占比 4%。单井压裂成本超过 600 万美元的水平井 8 口，统计占比 2%。

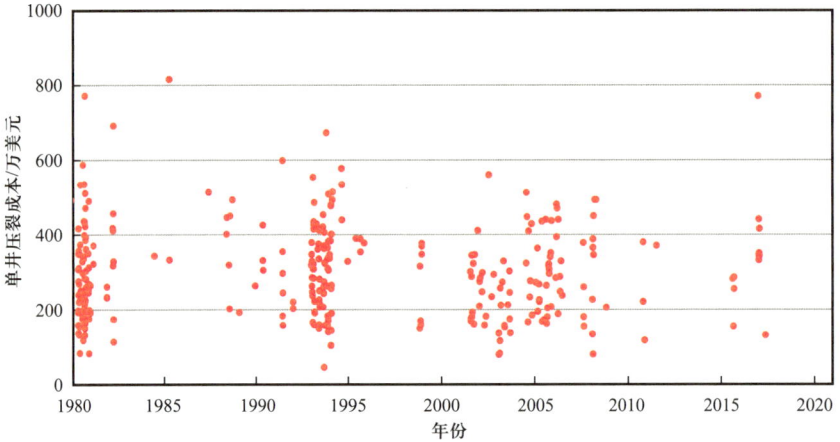

图 6-13　Austin Chalk 致密油气藏单井压裂成本散点分布图

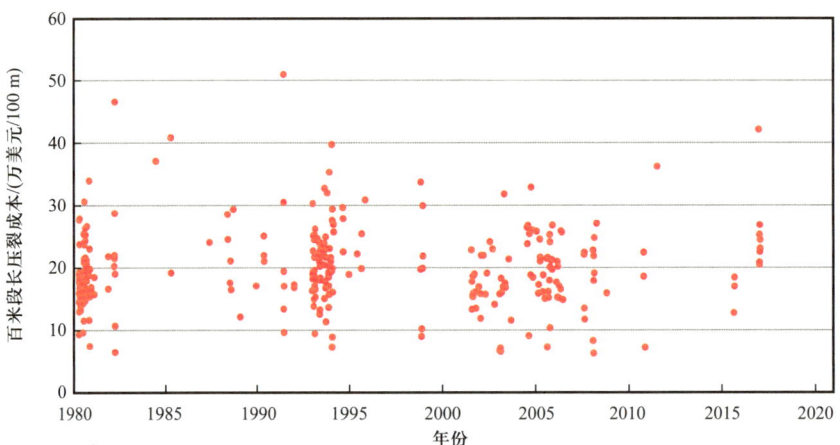

图 6-14　Austin Chalk 致密油气藏百米段长压裂成本散点分布图

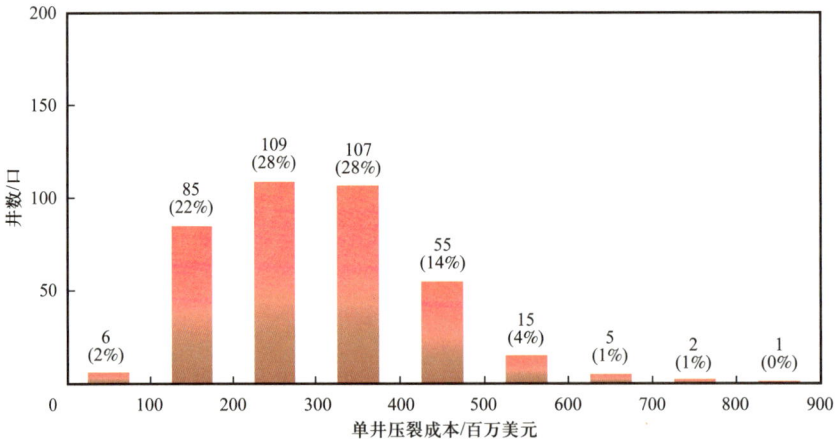

图 6-15　Austin Chalk 致密油气藏单井压裂成本统计分布图

将 Austin Chalk 致密油气藏百米段长压裂成本按 5 万美元/100 m 区间进行统计分析，图 6-16 为 Austin Chalk 致密油气藏百米段长压裂成本统计分布图。百米段长压裂成本低于 10 万美元/100 m 的水平井 19 口，统计占比 5%。百米段长压裂成本（10～15）万美元/100 m 的水平井 37 口，统计占比 10%。百米段长压裂成本（15～20）万美元/100 m 的水平井 153 口，统计占比 41%。百米段长压裂成本（20～25）万美元/100 m 的水平井 101 口，统计占比 27%。百米段长压裂成本（25～30）万美元/100 m 的水平井 40 口，统计占比 11%。百米段长压裂成本（30～35）万美元/100 m 的水平井 12 口，统计占比 3%。百米段长压裂成本超过 35 万美元/100 m 的水平井 9 口，统计占比 3%。Austin Chalk 致密油气藏百米段长压裂成本主体分布在（40～80）万美元/100 m 区间。

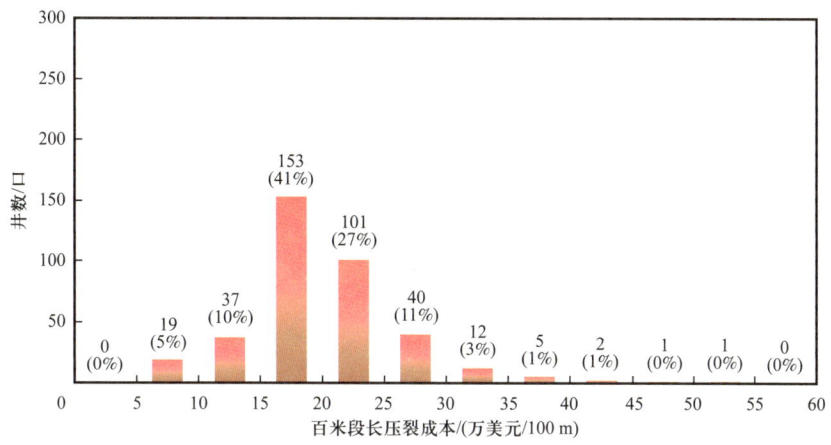

图 6-16 Austin Chalk 致密油气藏百米段长压裂成本统计分布图

对 Austin Chalk 致密油气藏单井压裂成本构成进行了统计，图 6-17 为所有统计水平井不同成本占比构成图。统计结果显示，水成本占比 M50 值为 24.8%、支撑剂成本占比 M50 值为 24.8%、泵送成本占比 M50 值为 39.6%、其他成本占比 M50 值为 10.9%。

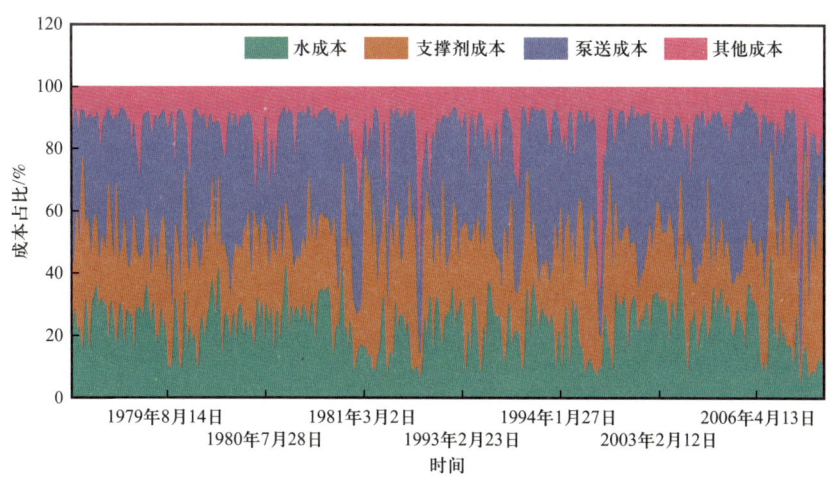

图 6-17 Austin Chalk 致密油气藏单井压裂成本构成

6.7.1 压裂水成本

滑溜水压裂技术，又称清水压裂技术，是目前美国致密油气开发作业中应用最多的压裂液技术。相对于传统的凝胶压裂液体系，滑溜水压裂液体系以其高效、低成本的特点在致密油气开发中广泛应用。降阻剂作为滑溜水压裂液体系的核心助剂，直接决定滑溜水压裂液体系的性能与应用。水是滑溜水压裂液的主要组成部分，因此压裂水成本也是致密油气水平井压裂成本的重要组成部分。为了便于横向对比分析，本节引入单位压裂液量用水成本标准指标用于不同区块或气藏间进行横向对比分析。

图 6-18 为 Austin Chalk 致密油气藏单井压裂水成本散点分布图，统计水平井 385 口，单井压裂水成本范围为（6~192）万美元，平均单井压裂水成本 64 万美元、P25 单井压裂水成本 40 万美元、P50 压裂成本 56 万美元、P75 首年单井压裂水成本 83 万美元、M50 单井压裂水成本 56 万美元。

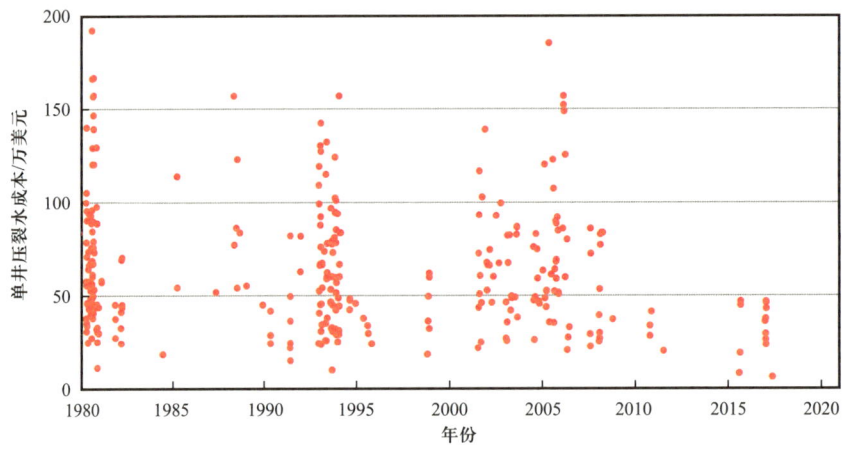

图 6-18　Austin Chalk 致密油气藏单井压裂水成本散点分布图

图 6-19 为 Austin Chalk 致密油气藏单位压裂液量水成本散点分布图，统计水平井 297 口，单位压裂液量水成本范围为（16~58）美元 /m^3，平均单位压裂液量水成本 21 美元 /m^3、P25 单位压裂液量水成本 19 美元 /m^3、P50 压裂成本 19 美元 /m^3、P75 首年单位压裂液量水成本 23 美元 /m^3、M50 单位压裂液量水成本 20 美元 /m^3。

将 Austin Chalk 致密油气藏单井压裂水成本按 20 万美元区间进行统计分析，图 6-20 为单井压裂水成本统计分布图，单井压裂水成本低于 20 万美元的水平井 11 口，统计占比 3%。单井压裂水成本（20~40）万美元的水平井 84 口，统计占比 22%。单井压裂水成本（40~60）万美元的水平井 116 口，统计占比 30%。单井压裂水成本（60~80）万美元的水平井 70 口，统计占比 18%。单井压裂水成本（80~100）万美元的水平井 54 口，统计占比 14%。单井压裂水成本（100~120）万美元的水平井 18 口，统计占比 5%。单井压裂水成本超过 120 万美元的水平井 32 口，统计占比 10%。

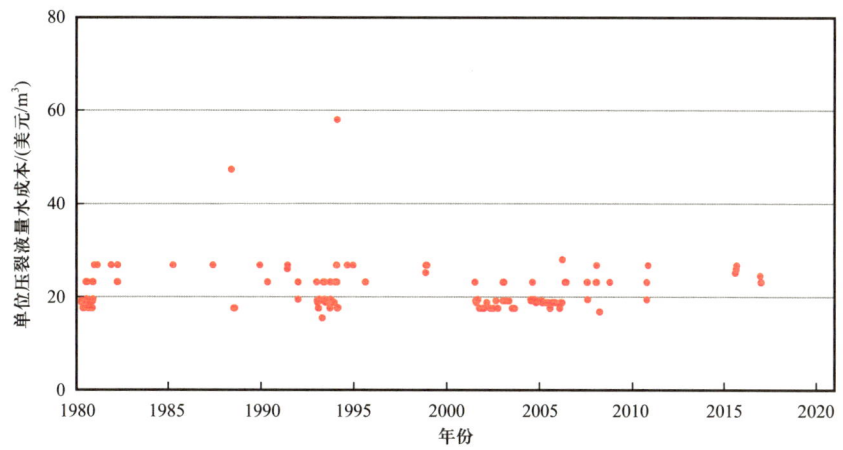

图 6-19　Austin Chalk 致密油气藏单位压裂液量水成本散点分布图

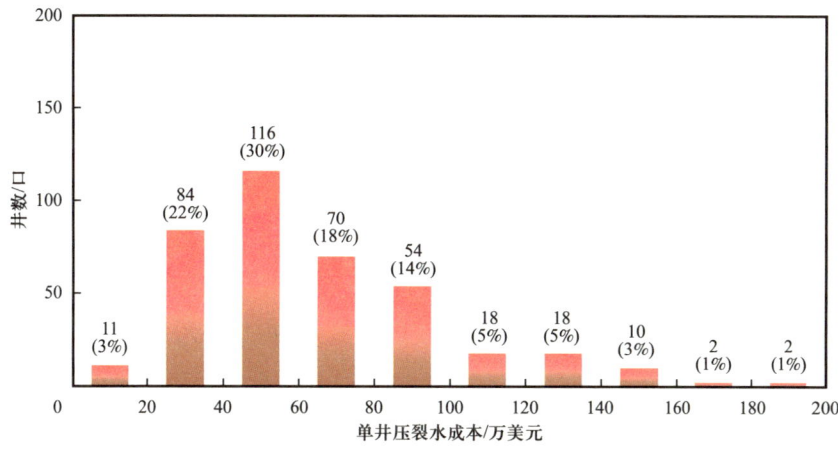

图 6-20　Austin Chalk 致密油气藏单井压裂水成本统计分布图

将 Austin Chalk 致密油气藏单位压裂液量水成本按 5 美元 /m³ 区间进行统计分析，图 6-21 为单位压裂液量水成本统计分布图，单位压裂液量水成本低于 20 美元 /m³ 的水平井 195 口，统计占比 66%。单位压裂液量水成本 20~25 美元 /m³ 的水平井 55 口，统计占比 19%。单位压裂液量水成本 25~30 美元 /m³ 的水平井 44 口，统计占比 15%。单位压裂液量水成本超过 30 美元 /m³ 的水平井 2 口。Austin Chalk 致密油气藏单位压裂液量水成本主体分布在 15~20 美元 /m³ 区间。

6.7.2　压裂支撑剂成本

支撑剂又称压裂支撑剂。在石油天然气开采时，高闭合压力低渗透性矿床经压裂处理后，使含油气岩层裂开，油气从裂缝形成的通道中汇集而出，此时需要流体注入岩石基层，以超过地层破裂强度的压力，使井筒周围岩层产生裂缝，形成一个具有高层流能力的通道，为保持压裂后形成的裂缝开启，油气产物能顺畅通过。用石油支撑剂随同高压溶液进入地层充填在岩层裂隙中，起到支撑裂隙不因应力释放而闭合的作用，从而保持高导流能力，使油气畅通，增加产量。致密油气水平井大规模水力压裂措施中，支撑剂成本是压裂成本中的重要部分。本节引入单位支撑剂量成本参数用于横向对比分析。

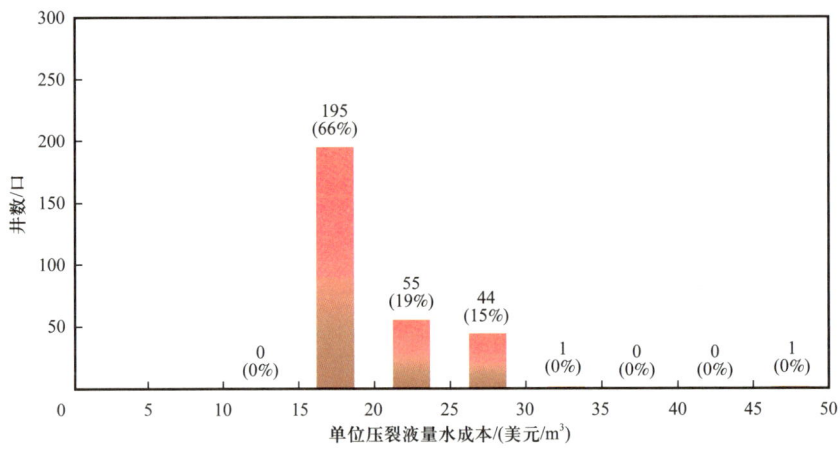

图 6-21　Austin Chalk 致密油气藏单位压裂液量水成本统计分布图

图 6-22 为 Austin Chalk 致密油气藏单井压裂支撑剂成本散点分布图，统计水平井 385 口，单井压裂支撑剂成本范围为（5~482）万美元，平均单井压裂支撑剂成本 90 万美元、P25 单井压裂支撑剂成本 36 万美元、P50 压裂成本 57 万美元、P75 首年单井压裂支撑剂成本 129 万美元、M50 单井压裂支撑剂成本 66 万美元。

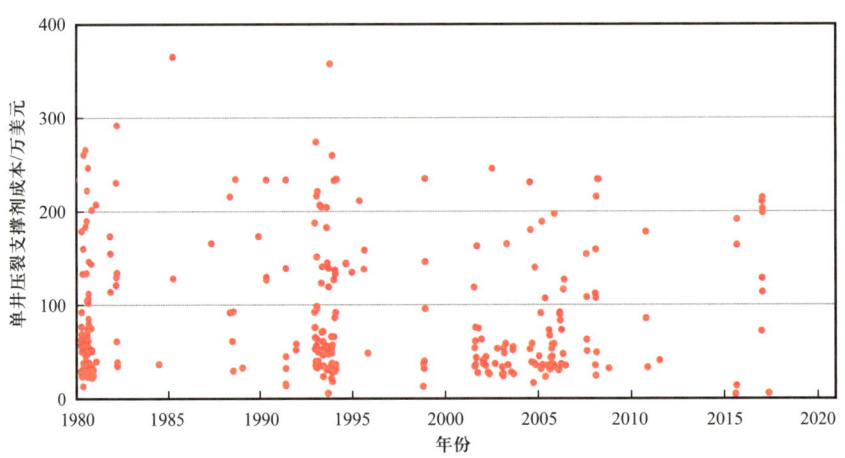

图 6-22　Austin Chalk 致密油气藏单井压裂支撑剂成本散点分布图

图 6-23 为 Austin Chalk 致密油气藏单位支撑剂成本散点分布图，统计水平井 293 口，单位支撑剂成本范围为 70~720 美元 /t，平均单位支撑剂成本 248 美元 /t、P25 单位支撑剂成本 81 美元 /t、P50 压裂成本 97 美元 /t、P75 首年单位支撑剂成本 540 美元 /t、M50 单位支撑剂成本 161 美元 /t。

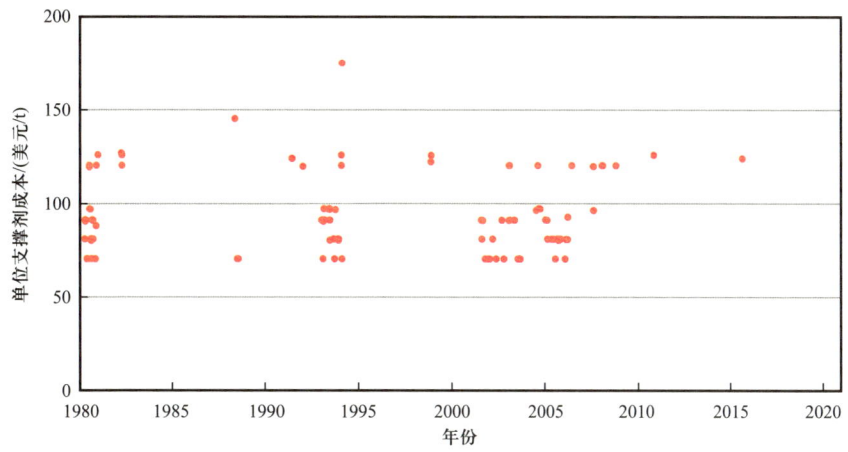

图 6-23　Austin Chalk 致密油气藏单位支撑剂成本散点分布图

将 Austin Chalk 致密油气藏单井压裂支撑剂成本按 50 万美元区间进行统计分析，图 6-24 为单井压裂支撑剂成本统计分布图，单井压裂支撑剂成本低于 50 万美元的水平井 156 口，统计占比 41%。单井压裂支撑剂成本（50~100）万美元的水平井 107 口，统计占比 28%。单井压裂支撑剂成本（100~150）万美元的水平井 51 口，统计占比 13%。单井压裂支撑剂成本（150~200）万美元的水平井 26 口，统计占比 7%。单井压裂支撑剂成本（200~250）万美元的水平井 32 口，统计占比 8%。单井压裂支撑剂成本（250~300）万美元的水平井 9 口，统计占比 2%。单井压裂支撑剂成本超过 300 万美元的水平井 4 口。单井压裂支撑剂成本主体分布在 100 万美元区间以内。

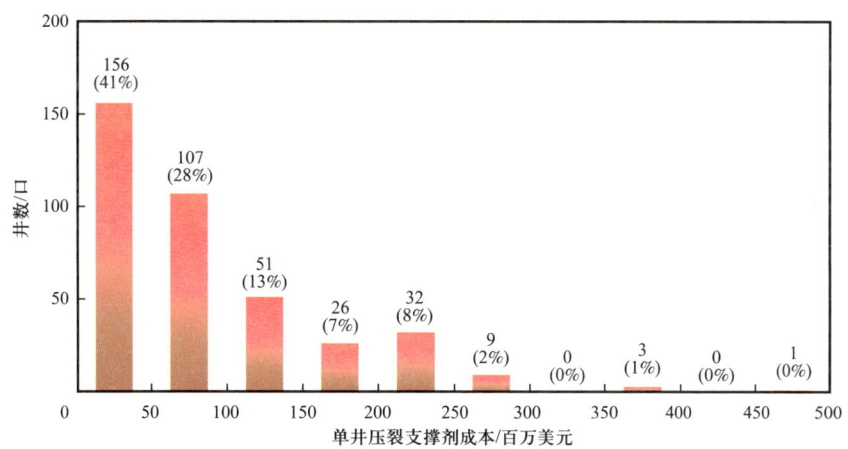

图 6-24　Austin Chalk 致密油气藏单井压裂支撑剂成本统计分布图

将 Austin Chalk 致密油气藏单位支撑剂成本按 25 美元/t 区间进行统计分析，图 6-25 为单位支撑剂成本统计分布图，单位支撑剂成本低于 75 美元/t 的水平井 27 口，统计占比 9%。单位支撑剂成本 75~100 美元/t 的水平井 129 口，统计占比 44%。单位支撑剂成本 100~125 美元/t 的水平井 24 口，统计占比 8%。单位支撑剂成本 125~150 美元/t

的水平井 8 口，统计占比 3%。单位支撑剂成本超过 150 美元 /t 的水平井 13 口。Austin Chalk 致密油气藏单位支撑剂成本主体分布在 50~100 美元 /t 区间。

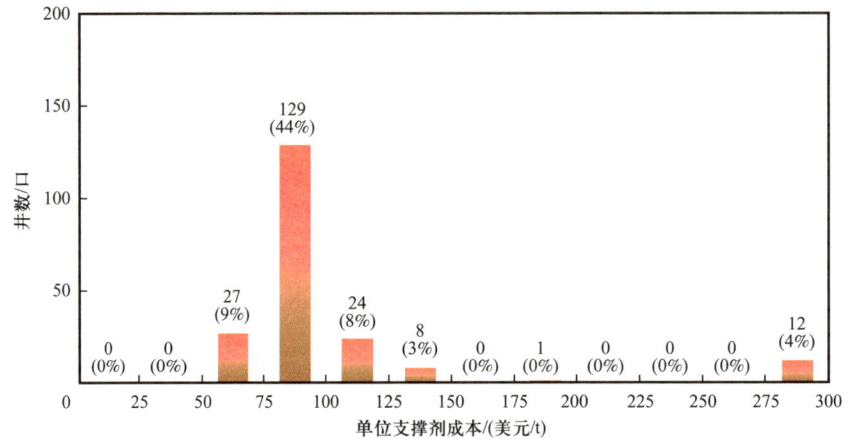

图 6-25 Austin Chalk 致密油气藏单位支撑剂成本统计分布图

6.7.3 压裂泵送成本

水平井压裂泵送成本主要反映压裂液体和支撑剂由井口高压泵送至储层过程中需要的成本。

图 6-26 为 Austin Chalk 致密油气藏单井压裂泵送成本散点分布图，统计水平井 385 口，单井压裂泵送成本范围为（12~352）万美元，平均单井压裂泵送成本 110 万美元、P25 单井压裂泵送成本 68 万美元、P50 压裂成本 110 万美元、P75 首年单井压裂泵送成本 145 万美元、M50 单井压裂泵送成本 108 万美元。

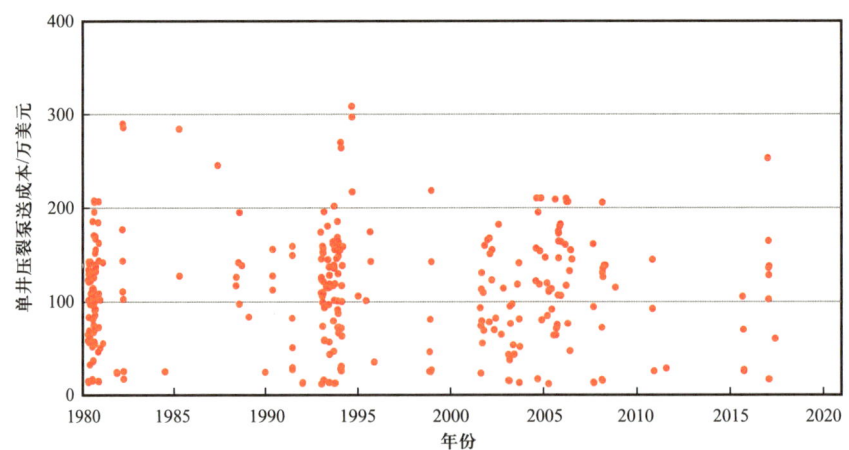

图 6-26 Austin Chalk 致密油气藏单井压裂泵送成本散点分布图

图 6-27 为 Austin Chalk 致密油气藏单位压裂液量泵送成本散点分布图，统计水平井 297 口，单位压裂液量泵送成本范围为 2~326 美元 /m³，平均单位压裂液量泵送成本

48 美元 /m³、P25 单位压裂液量泵送成本 18 美元 /m³、P50 压裂成本 30 美元 /m³、P75 首年单位压裂液量泵送成本 61 美元 /m³、M50 单位压裂液量泵送成本 33 美元 /m³。

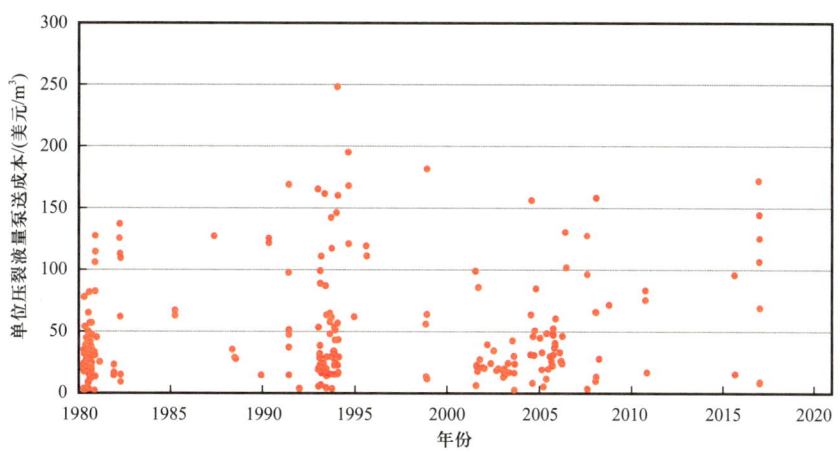

图 6-27　Austin Chalk 致密油气藏单位压裂液量泵送成本散点分布图

将 Austin Chalk 致密油气藏单井压裂泵送成本按 50 万美元区间进行统计分析，图 6-28 为单井压裂泵送成本统计分布图，单井压裂泵送成本低于 50 万美元的水平井 67 口，统计占比 17%。单井压裂泵送成本（50~100）万美元的水平井 95 口，统计占比 25%。单井压裂泵送成本（100~150）万美元的水平井 136 口，统计占比 35%。单井压裂泵送成本（150~200）万美元的水平井 60 口，统计占比 16%。单井压裂泵送成本（200~250）万美元的水平井 16 口，统计占比 4%。单井压裂泵送成本（250~300）万美元的水平井 9 口，统计占比 2%。

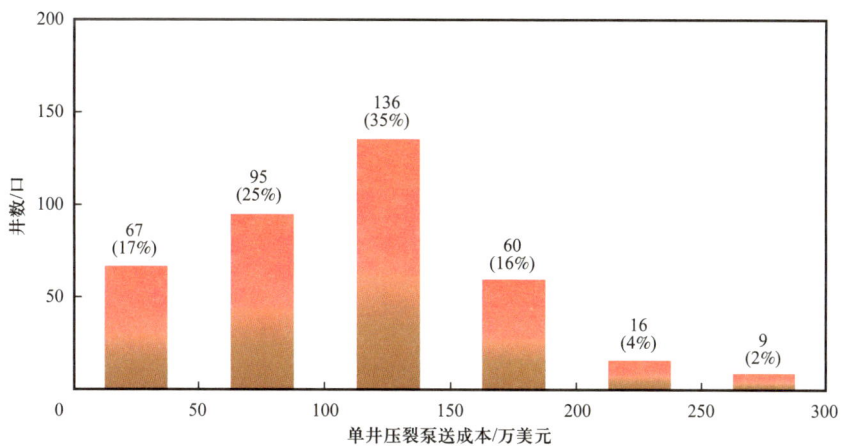

图 6-28　Austin Chalk 致密油气藏单井压裂泵送成本统计分布图

将 Austin Chalk 致密油气藏单位压裂液量泵送成本按 25 美元 /m³ 区间进行统计分析，图 6-29 为单位压裂液量泵送成本统计分布图，单位压裂液量泵送成本 0~25 美元 /m³ 的水平井 117 口，统计占比 39%。单位压裂液量泵送成本 25~50 美元 /m³ 的水平井 90 口，统计占比 30%。单位压裂液量泵送成本 50～75 美元 /m³ 的水平井 33 口，统计占比 11%。单位压裂液量泵送成本 75～100 美元 /m³ 的水平井 17 口，统计占比 6%。单位压裂液量泵送成本 100～125 美元 /m³ 的水平井 13 口，统计占比 4%。单位压裂液量泵送成本 125～150 美元 /m³ 的水平井 12 口，统计占比 4%。单位压裂液量泵送成本超过 150 美元 /m³ 的水平井 14 口。Austin Chalk 致密油气藏单位压裂液量泵送成本主体分布在 0～50 美元 /m³ 区间。

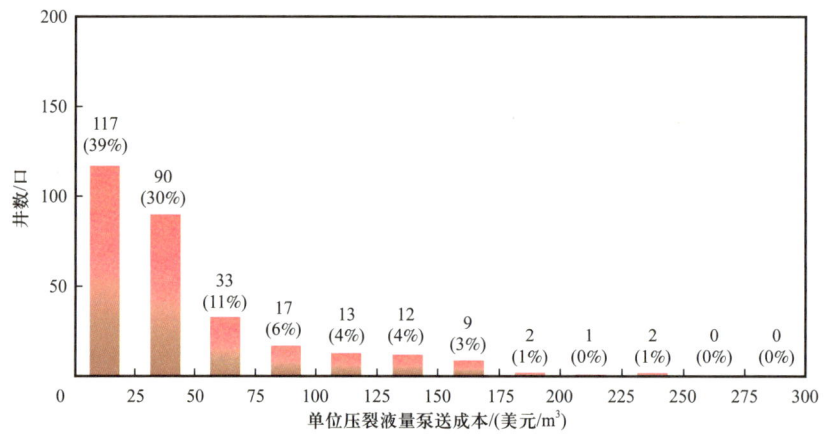

图 6-29 Austin Chalk 致密油气藏单位压裂液量泵送成本统计分布图

6.7.4 压裂其他成本

压裂其他成本主要指除水成本、支撑剂成本和泵送成本外产生的成本。图 6-30 为 Austin Chalk 致密油气藏单井压裂其他成本散点分布图，统计水平井 385 口，单井压裂其他成本范围为（9～409）万美元，平均单井压裂其他成本 40 万美元、P25 单井压裂其他成本 22 万美元、P50 压裂成本 29 万美元、P75 首年单井压裂其他成本 41 万美元、M50 单井压裂其他成本 30 万美元。

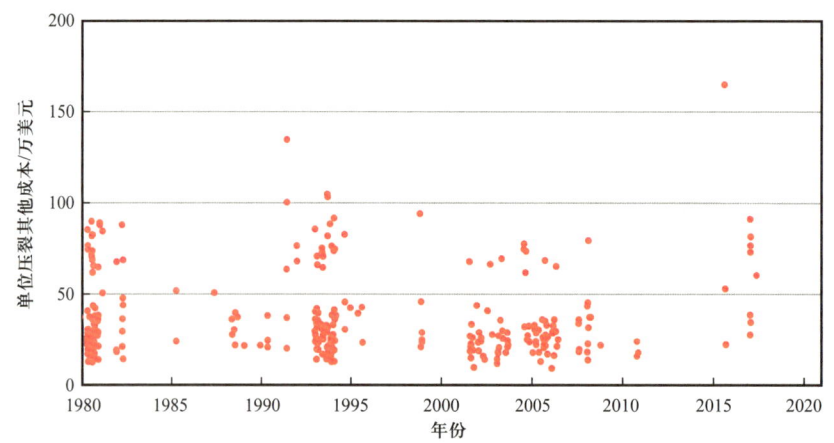

图 6-30 Austin Chalk 致密油气藏单井压裂其他成本散点分布图

图 6-31 为 Austin Chalk 致密油气藏单位压裂液量其他成本散点分布图，统计水平井 297 口，单位压裂液量其他成本范围为 2~509 美元 /m³，平均单位压裂液量其他成本 20 美元 /m³、P25 单位压裂液量其他成本 6 美元 /m³、P50 压裂成本 11 美元 /m³、P75 首年单位压裂液量其他成本 19 美元 /m³、M50 单位压裂液量其他成本 11 美元 /m³。

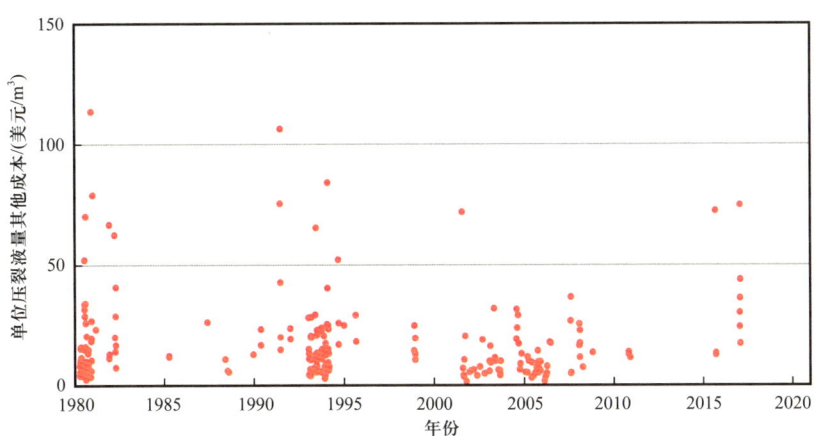

图 6-31　Austin Chalk 致密油气藏单位压裂液量泵送成本散点分布图

将 Austin Chalk 致密油气藏单井压裂其他成本按 25 万美元区间进行统计分析，图 6-32 为单井压裂其他成本统计分布图。单井压裂其他成本低于 25 万美元的水平井 147 口，统计占比 38%。单井压裂其他成本（25~50）万美元的水平井 157 口，统计占比 41%。单井压裂其他成本（50~75）万美元的水平井 42 口，统计占比 11%。单井压裂其他成本（75~100）万美元的水平井 28 口，统计占比 7%。单井压裂其他成本超过 100 万美元的水平井 5 口，统计占比 1%。Austin Chalk 致密油气藏单井压裂其他成本主体分布在 50 万美元以内。

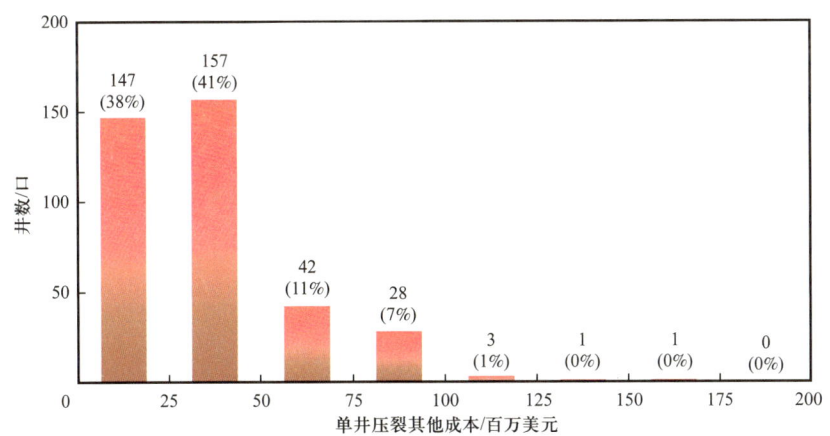

图 6-32　Austin Chalk 致密油气藏单井压裂其他成本统计分布图

将 Austin Chalk 致密油气藏单位压裂液量其他成本按 10 美元 /m³ 区间进行统计分析，图 6-33 为单位压裂液量其他成本统计分布图。单位压裂液量其他成本 0~10 美元 /m³ 的水平井 138 口，统计占比 46%。单位压裂液量其他成本 10～20 美元 /m³ 的水平井 89 口，统计占比 30%。单位压裂液量其他成本 20～30 美元 /m³ 的水平井 37 口，统计占比 12%。单位压裂液量其他成本超过 30 美元 /m³ 的水平井 30 口。Austin Chalk 致密油气藏单位压裂液量其他成本主体分布在 0～20 美元 /m³ 区间。

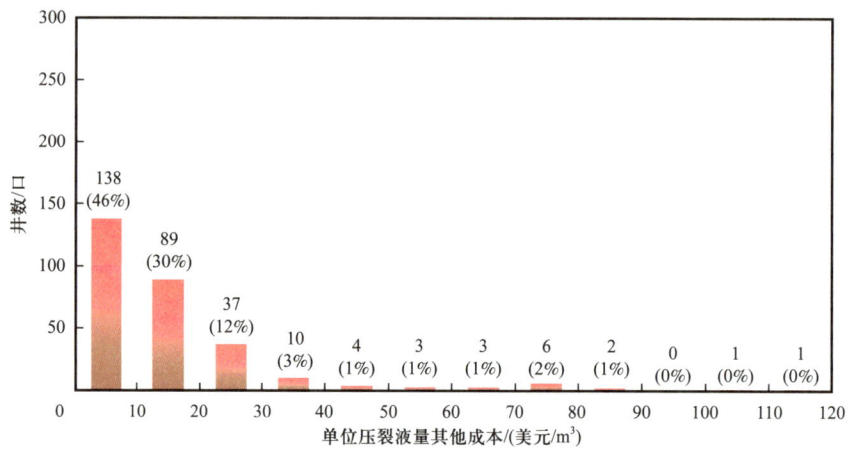

图 6-33　Austin Chalk 致密油气藏单位压裂液量其他成本统计分布图

6.8　单位油当量钻压成本

单井钻完井和压裂成本是页岩气藏开发成本的主体部分，因此引入单位油当量钻压成本指标作为衡量开发效益的经济指标。单位油当量钻压成本是指单位产油当量对应的钻压成本，计算方式为钻压成本与油气当量合计 EUR 的比值。图 6-34 为 Austin Chalk 致密油气藏单位油当量钻压成本散点分布图，统计水平井 295 口，单位油当量钻压成本范围为 19～1342 美元 /t，平均单位油当量钻压成本 113 美元 /t、P25 单位油当量钻压成本

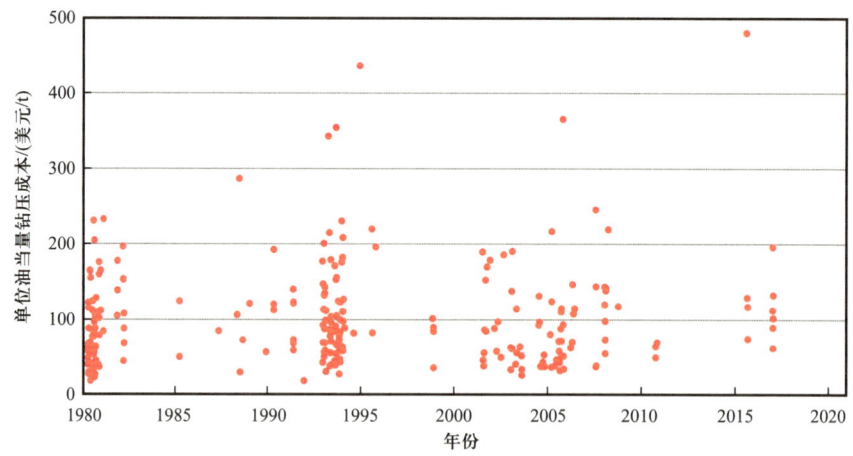

图 6-34　Austin Chalk 致密油气藏单位油当量钻压成本散点分布图

55 美元 /t、P50 压裂成本 85 美元 /t、P75 首年单位油当量钻压成本 132 美元 /t、M50 单位油当量钻压成本 87 美元 /t。

将 Austin Chalk 致密油气藏单位油当量钻压成本按 50 美元 /t 区间进行统计分析，图 6-35 为单位油当量钻压成本统计分布图，单位油当量钻压成本 0～50 美元 /t 的水平井 65 口，统计占比 22%。单位油当量钻压成本 50～100 美元 /t 的水平井 111 口，统计占比 38%。单位油当量钻压成本 100～150 美元 /t 的水平井 64 口，统计占比 22%。单位油当量钻压成本 150～200 美元 /t 的水平井 30 口，统计占比 10%。单位油当量钻压成本超过 200 美元 /t 的水平井 20 口。Austin Chalk 致密油气藏单位油当量钻压成本主体分布在 0～150 美元 /t 区间。

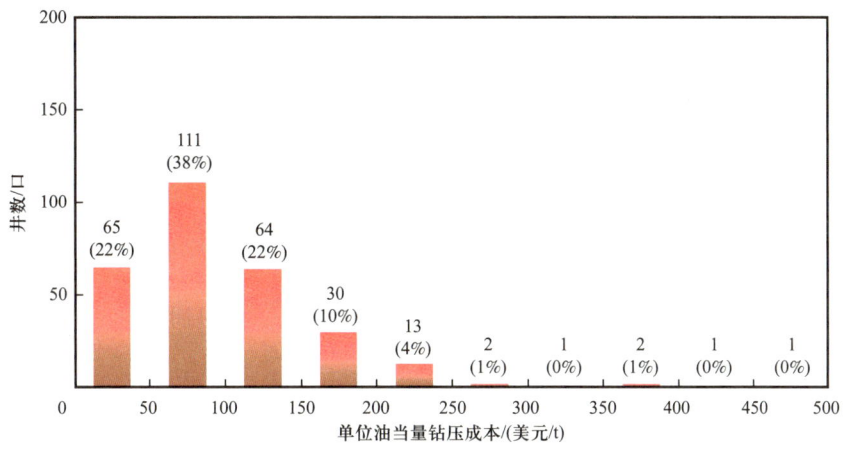

图 6-35 Austin Chalk 致密油气藏单位油当量钻压成本统计分布图

6.9　小结

本章对 Austin Chalk 致密油气藏单井钻压成本进行了系统统计和分析。单井钻压成本由钻井成本、固井成本、压裂水成本、支撑剂成本、泵送成本和其他成本构成。同时，还引入单位油当量钻压成本作为主要效益指标进行统计和分析。

Austin Chalk 致密油气藏 M50 单井钻井成本 209 万美元，主体分布在（100～300）万美元区间，M50 单位进尺钻井成本 425 美元 /m，主体分布在 800 美元 /m 以内。M50 单井固井成本 31 万美元，主体分布在（20～40）万美元区间，M50 单位进尺固井成本 61 美元 /m，主体分布在 40～80 美元 /m 区间。M50 单井压裂水成本 56 万美元，主体分布在（20～80）万美元区间，M50 单位压裂液量水成本 20 美元 /m^3，主体分布在 15～20 美元 /m^3 区间。M50 单井压裂支撑剂成本 66 万美元，主体分布在 100 万美元区间以内，M50 单位支撑剂成本 161 美元 /t，主体分布在 50～100 美元 /t 区间。M50 单井压裂泵送成本 108 万美元，主体分布在（20～80）万美元区间，M50 单位压裂液量泵送成本 33 美元 /m^3，主体分布在 0～50 美元 /m^3 区间。M50 单井压裂其他成本 30 万美元，主体分布在 50 万美元以内，M50 单位压裂液量其他成本 11 美元 /m³，主体分布在 20 美元 /m³ 以内。图 6-36 为统计水平井单井钻压成本构成图，M50 统计结果显示钻井成本占比 42.1%、固井成本占比 6.5%、水成本占比 12.2%、支撑剂成本占比 13.0%、泵送成本占比 21.1%、其他成本占比 5.1%。

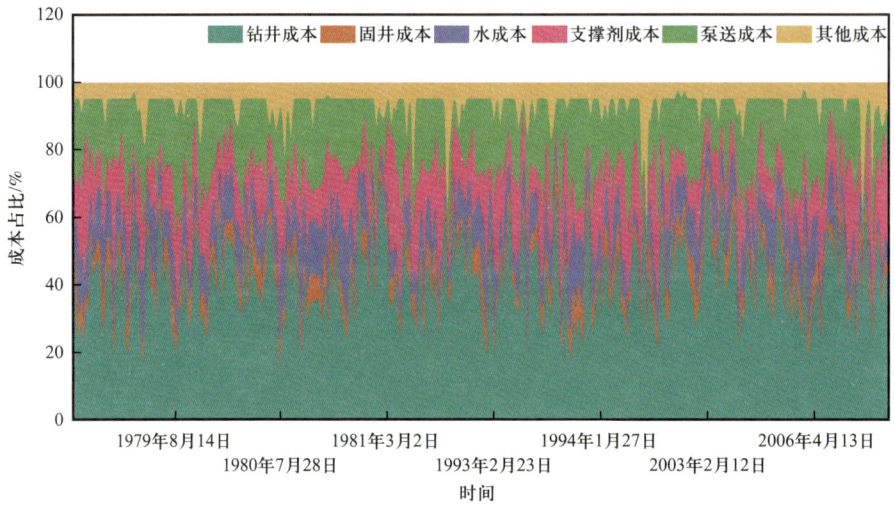

图 6-36　Austin Chalk 致密油气藏钻压成本构成图

第 7 章 开发技术政策

自致密油气资源实现商业化开发以来，各个已开发区块一直在探索合理开发技术政策以实现高效开发。致密油气藏开发技术政策包括井型、布井模式、靶体位置、水平井眼轨迹方位、水平段长、井距、段间距、簇间距、加砂强度、用液强度等。合理开发技术政策不仅能够实现具体致密油气藏的高效开发，也能够为其他致密油气藏开发提供参考依据。本章针对 Austin Chalk 致密油气藏历年投产水平井进行统计分析，重点评价垂深、水平段长和加砂强度等因素对气井开发效果的影响，以期为类似油气藏开发提供参考借鉴。

引入百米段长产油当量和单位油当量钻压成本分别作为水平井开发效果评价的技术指标和经济指标，综合技术指标和经济指标定量描述不同开发技术政策条件下的水平井开发效果。受限于统计水平井的地质指标，近似认为分析气井具备相似的地质特征。地质指标中垂深是影响油气井开发效果的重要参数。

利用许可日期、完钻垂深、水平井测深、水平段长、水垂比、钻井周期、钻速、压裂段数、压裂液量、支撑剂量、API 重度、平均段间距、用液强度、加砂强度、建井周期、百米段长产油当量和单位油当量钻压成本绘制相关系数矩阵图。图 7-1 为 Austin Chalk 致

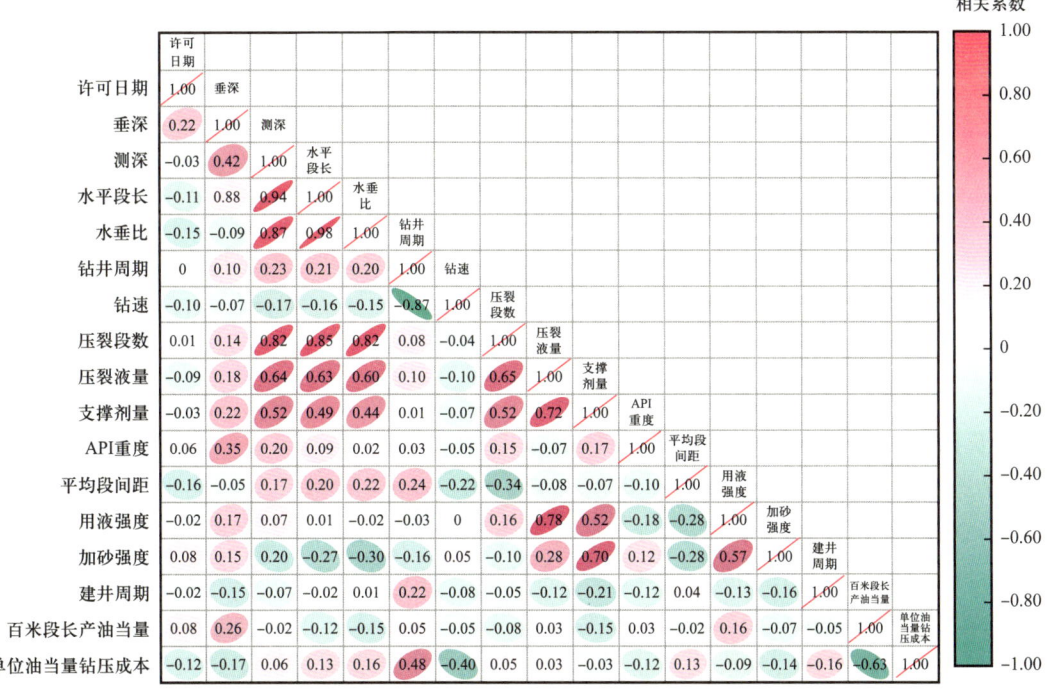

图 7-1　Austin Chalk 致密油气藏开发技术政策影响因素相关系数矩阵图

· 95 ·

密油气藏9000个数据点绘制的相关系数矩阵图，其中百米段长产油当量和垂深、用液强度具备较强相关性，单位油当量钻压成本和钻井周期、水垂比、建井周期、水平段长和平均段间距具备一定相关性。由于钻井周期和建井周期属于施工效率指标，因此本章针对垂深、水垂比、水平段长和用液强度等指标进行了初步分析。

7.1 垂深

垂深是影响致密油气藏的关键因素之一，垂深直接控制油气藏原始地层压力。随着垂深增加，油气藏原始地层压力增加，油气储量及地层能量整体呈增加趋势。图7-2为Austin Chalk致密油气藏不同垂深范围水平井统计相对频率分布图，随着垂深范围增加，百米段长产油当量相对频率分布向右偏移，表明随着垂深增加百米段长产油当量整体呈增加趋势。

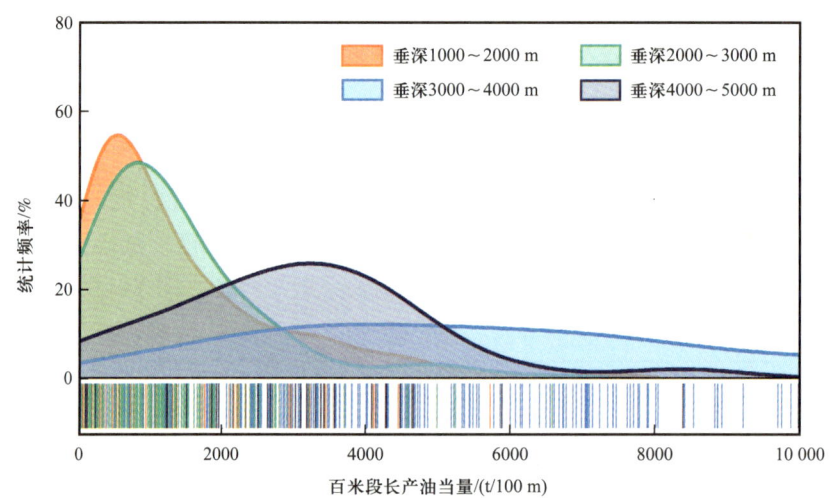

图7-2 Austin Chalk致密油气藏不同垂深范围水平井百米段长产油当量统计分布图

图7-3给出了Austin Chalk致密油气藏水平井不同垂深范围百米段长产油当量统计曲线。垂深1000～2000 m的水平井122口，平均百米段长产油当量1351 t/100 m，P50百米段长产油当量791 t/100 m，M50百米段长产油当量941 t/100 m。垂深2000～3000 m的水平井142口，平均百米段长产油当量1436 t/100 m，P50百米段长产油当量1049 t/100 m，M50百米段长产油当量1051 t/100 m。垂深3000～4000 m的水平井446口，平均百米段长产油当量4917 t/100 m，P50百米段长产油当量4007 t/100 m，M50百米段长产油当量4052 t/100 m。垂深4000～5000 m的水平井27口，平均百米段长产油当量3016 t/100 m，P50百米段长产油当量3106 t/100 m，M50百米段长产油当量2994 t/100 m。Austin Chalk致密油气藏不同垂深范围百米段长产油当量统计趋势曲线显示，随着垂深增加，百米段长产油当量呈先增加后下降趋势。百米段长产油当量峰值对应水平井垂深范围为3000～4000 m。当垂深超过4000 m时，百米段长产油当量迅速下降。

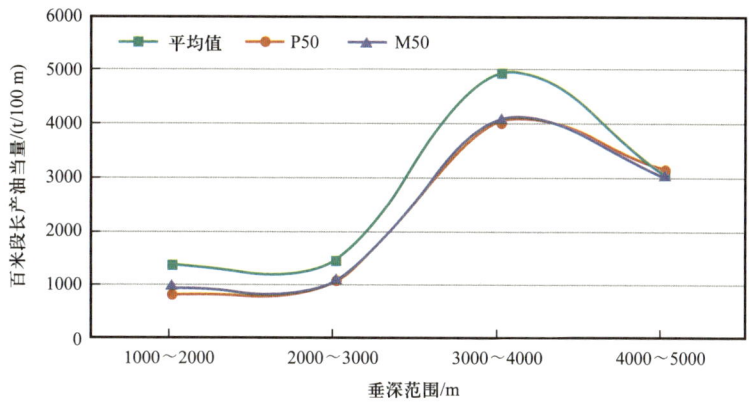

图 7-3　Austin Chalk 致密油气藏不同垂深范围百米段长产油当量统计曲线

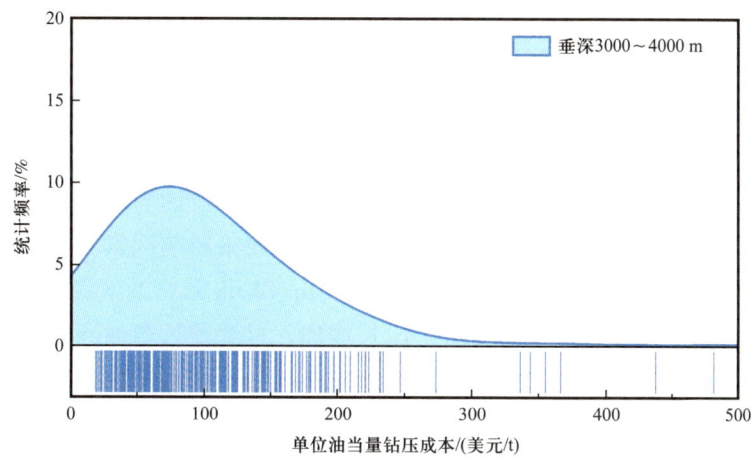

图 7-4　Austin Chalk 致密油气藏水平井单位油当量钻压成本统计分布图

由于单位油当量钻压成本数据主要集中分布在垂深 3000～4000 m 区间，图 7-4 为该垂深区间内单位油当量钻压成本统计分布图。垂深 3000～4000 m 的水平井 302 口，平均单位油当量钻压成本 118 美元 /t、P50 单位油当量钻压成本 84 美元 /t、M50 单位油当量钻压成本 86 美元 /t。单位油当量钻压成本统计分布整体靠左，主体分布在 200 美元 /t 区间内。

Austin Chalk 致密油气藏不同垂深水平井开发效果分析显示，技术指标百米段长产油当量总体呈先增加后下降趋势，百米段长产油当量峰值对应水平井垂深范围为 3000～4000 m。经济指标单位油当量钻压成本统计显示，垂深 3000～4000 m 的水平井平均单位油当量钻压成本 118 美元 /t、P50 单位油当量钻压成本 84 美元 /t、M50 单位油当量钻压成本 86 美元 /t。单位油当量钻压成本统计分布整体靠左，主体分布在 200 美元 /t 区间内。由于单位油当量钻压成本统计水平井垂深集中分布在 3000～4000 m，无法实现横向不同垂深范围水平井单位油当量钻压成本。因此，初步根据技术指标统计结果显示，垂深范围为 3000～4000 m 开发效果较好。

7.2 水平段长

Austin Chalk 致密油气藏开发过程中充分借鉴了 Barnett 页岩气藏开发积累的经验。水平井钻井和大规模分段体积压裂是页岩气藏普遍采用的关键核心技术。水平段长是单井开发效果的关键控制因素。通常随水平段长增加，单井控制面积及储量随之增加，单井也会获得更高的最终可采储量。然而，水平段长并非越长越好，随着水平段长增加，钻完井及压裂施工难度加大，脆性页岩垮塌和破裂等复杂问题越突出。长水平井同时会为后续固井和大规模体积压裂带来施工挑战。针对不同垂深储层，水平段长设计还要考虑水垂比合理范围。从单井开发效果出发，长水平井抽吸压力及井筒摩阻增大，产量与水平段长并非呈线性关系。通常利用百米段长可采储量作为标准技术开发指标衡量水平井开发效果。随着水平段长增加，钻完井和大规模体积压裂工具及工艺技术施工效率有所下降，通常会导致百米段长可采储量随水平段长增加呈下降趋势。因此，考虑技术和经济效益模式下的合理水平段长一直是每个已开发致密油气藏关注的热点。

本节主要针对 Austin Chalk 致密油气藏投产井进行统计分析，通过不同统计维度分析合理水平段长。引入百米段长产油当量作为技术指标、单位油当量钻压成本作为经济指标同时评价不同水平段长水平井开发效果。前述开发效果影响因素分析显示，水平井开发技术和经济指标受多重因素影响。图 7-5 为 Austin Chalk 致密油气藏不同水平段长范围百米段长产油当量统计分布图，随着水平段长增加，百米段长产油当量在左侧呈集中分布，表明百米段长产油当量整体呈下降趋势。图 7-6 为不同水平段长范围单位油当量钻压成本统计分布图，总体表现为随水平段长增加单位油当量钻压成本呈下降趋势。

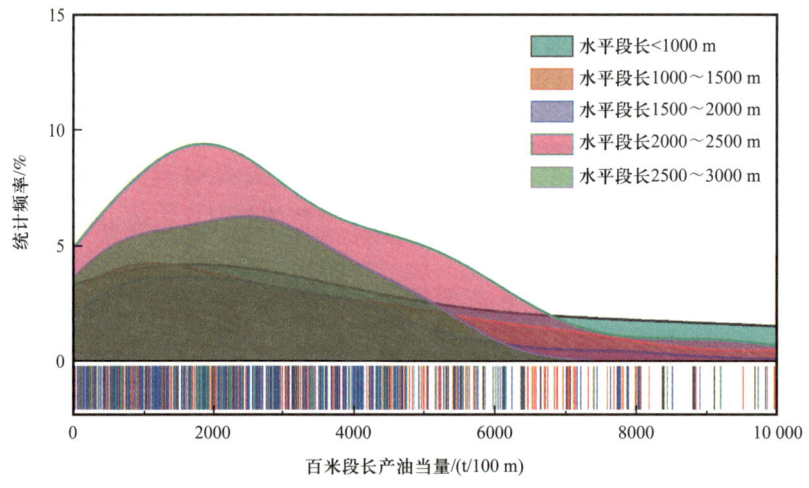

图 7-5　Austin Chalk 致密油气藏不同水平段长范围百米段长产油当量统计分布图

图 7-7 给出了 Austin Chalk 致密油气藏不同水平段长范围水平井百米段长产油当量统计曲线，水平段长小于 1000 m 的水平井 96 口，平均百米段长产油当量 5898 t/100 m、

P50 百米段长产油当量 3589 t/100 m、M50 百米段长产油当量 4244 t/100 m。水平段长 1000~1500 m 的水平井 285 口，平均百米段长产油当量 3616 t/100 m、P50 百米段长产油当量 2913 t/100 m、M50 百米段长产油当量 2962 t/100 m。1500~2000 m 的水平井 276 口，平均百米段长产油当量 2899 t/100 m、P50 百米段长产油当量 2513 t/100 m、M50 百米段长产油当量 2531 t/100 m。2000~2500 m 的水平井 64 口，平均百米段长产油当量 2615 t/100 m、P50 百米段长产油当量 2272 t/100 m、M50 百米段长产油当量 2303 t/100 m。2500~3000 m 的水平井 16 口，平均百米段长产油当量 2395 t/100 m、P50 百米段长产油当量 2180 t/100 m、M50 百米段长产油当量 2176 t/100 m。

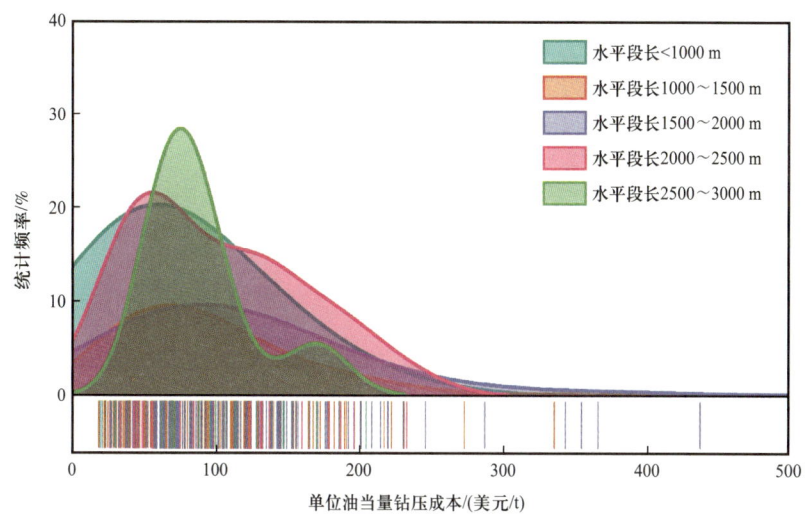

图 7-6　Austin Chalk 致密油气藏不同水平段长范围单位油当量钻压成本统计分布图

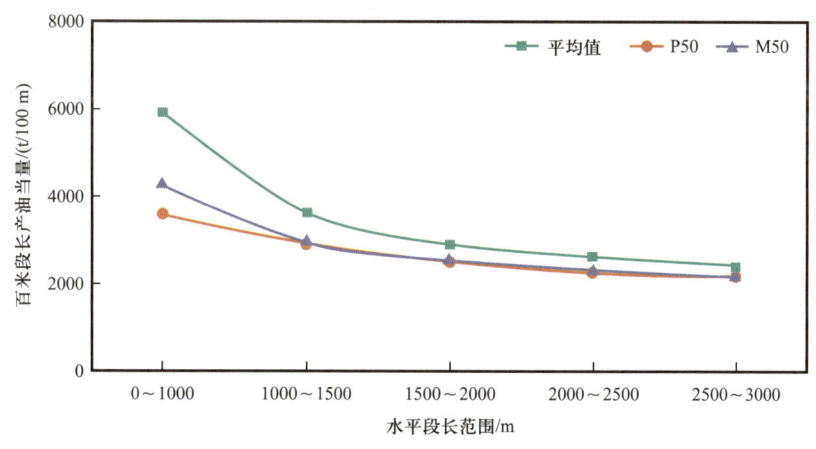

图 7-7　Austin Chalk 致密油气藏不同水平段长范围百米段长产油当量统计曲线

图 7-8 给出了 Austin Chalk 致密油气藏不同水平段长范围水平井单位油当量钻压成本统计曲线，水平段长小于 1000 m 的水平井 44 口，平均单位油当量钻压成本 93.2 美元 /t、P50 单位油当量钻压成本 68.3 美元 /t、M50 单位油当量钻压成本 72.2 美元 /t。水平段长

1000～1500 m 的水平井 114 口，平均单位油当量钻压成本 103.9 美元 /t、P50 单位油当量钻压成本 83.9 美元 /t、M50 单位油当量钻压成本 82.5 美元 /t。水平段长 1500～2000 m 的水平井 113 口，平均单位油当量钻压成本 133.3 美元 /t、P50 单位油当量钻压成本 93.2 美元 /t、M50 单位油当量钻压成本 97.8 美元 /t。水平段长 2000～2500 m 的水平井 23 口，平均单位油当量钻压成本 102.2 美元 /t、P50 单位油当量钻压成本 84.8 美元 /t、M50 单位油当量钻压成本 89.1 美元 /t。水平段长 2500～3000 m 的水平井 7 口，平均单位油当量钻压成本 80.4 美元 /t、P50 单位油当量钻压成本 61.9 美元 /t、M50 单位油当量钻压成本 67.1 美元 /t。

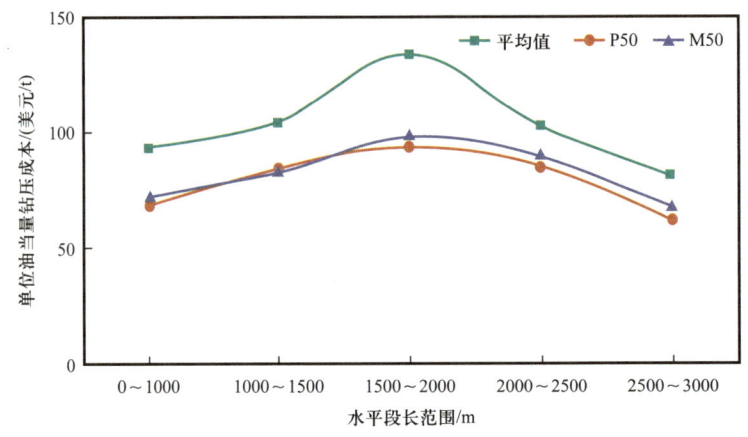

图 7-8　Austin Chalk 致密油气藏不同水平段长范围单位油当量钻压成本统计曲线

Austin Chalk 致密油气藏不同水平段长范围水平井开发效果统计显示，技术指标百米段长产油当量随着水平段长增加呈下降趋势，经济指标单位油当量钻压成本呈先上升后下降趋势。单位油当量钻压成本峰值出现在水平段长 1500～2000 m 区间，水平段长超过 2000 m 时单位油当量钻压成本呈快速下降趋势。水平段长 2500～3000 m 区间单位油当量钻压成本为统计最低值，由此可初步认为合理水平段长范围为 2500～3000 m。由于水平段长超过 3000 m 区间缺少统计水平井样本数据，初步判断该致密油气藏目前合理水平段长范围为 2500～3000 m。

7.3　水垂比

水垂比是指水平井的水平段长与垂深的比值，高水垂比能够在相同垂深条件下获取更长的水平段长，从而提高油气藏单井开发效果和效益。随着水垂比增加，钻完井和压裂施工作业难度也随之增加。通常，根据油气藏埋深存在一个既能够确保水平井开发效果，又能够实现钻完井和压裂等工程技术可行的合理水垂比范围。

Austin Chalk 致密油气藏开发技术指标百米段长产油当量和经济指标单位油当量钻压成本均和水垂比存在一定的相关性。图 7-9 为 Austin Chalk 致密油气藏不同水垂比范围对应百米段长产油当量统计分布图，受限于不同水垂比范围统计水平井样本数量，统计相对概率分布并无明显趋势。图 7-10 给出了 Austin Chalk 致密油气藏不同水垂比范围单位油当量钻压成本统计分布。单位油当量钻压成本统计相对概率分布呈单峰和双峰分布特征，水垂比范围为 1.00~1.25 区间时，单位油当量钻压成本呈双峰分布，整体表现出较低的单位油当量钻压成本。

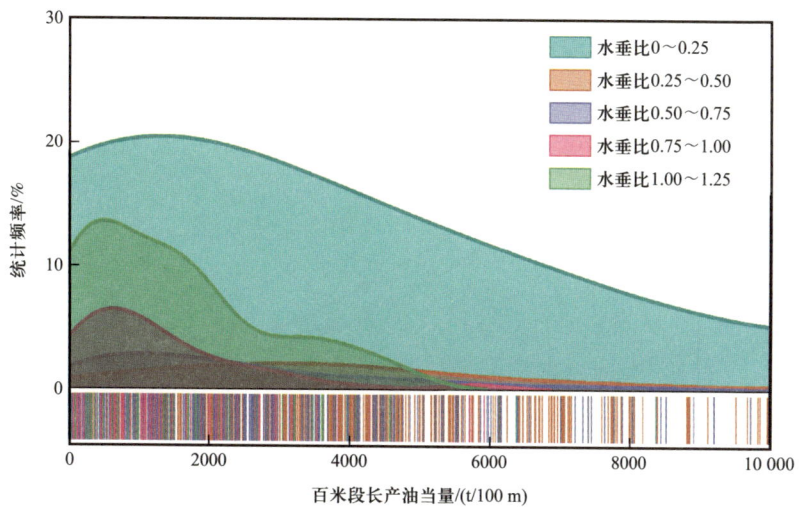

图 7-9　Austin Chalk 致密油气藏不同水垂比范围百米段长产油当量统计分布图

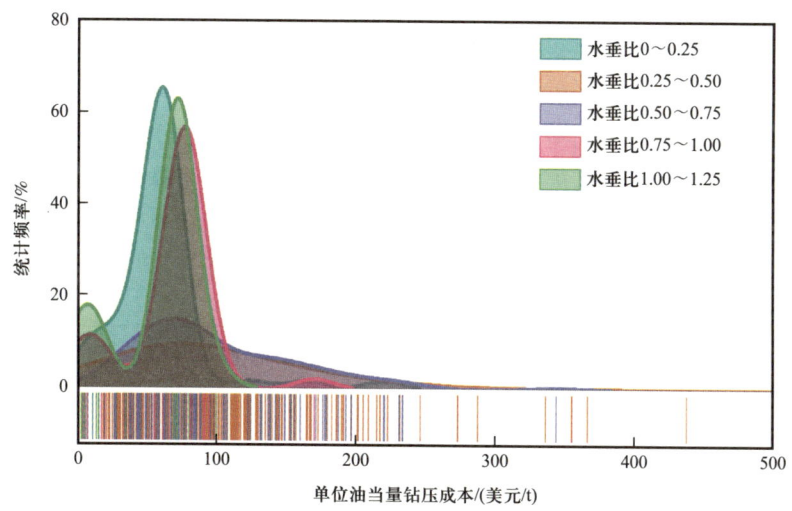

图 7-10　Austin Chalk 致密油气藏不同水垂比范围单位油当量钻压成本统计分布图

图 7-11 给出了 Austin Chalk 致密油气藏不同水垂比范围百米段长产油当量统计曲线，水垂比 0~0.25 的水平井 22 口，平均百米段长产油当量 6943 t/100 m、P50 百米段长产油当量 5979 t/100 m、M50 百米段长产油当量 5938 t/100 m。水垂比 0.25~0.50 的水平井 369 口，平均百米段长产油当量 4646 t/100 m、P50 百米段长产油当量 3812 t/100 m、M50

百米段长产油当量 3853 t/100 m。水垂比 0.50～0.75 的水平井 230 口，平均百米段长产油当量 2638 t/100 m、P50 百米段长产油当量 1918 t/100 m、M50 百米段长产油当量 2034 t/100 m。水垂比 0.75～1.00 的水平井 76 口，平均百米段长产油当量 1335 t/100 m、P50 百米段长产油当量 970 t/100 m、M50 百米段长产油当量 1044 t/100 m。水垂比 1.00～1.25 的水平井 32 口，平均百米段长产油当量 1728 t/100 m、P50 百米段长产油当量 1400 t/100 m、M50 百米段长产油当量 1497 t/100 m。

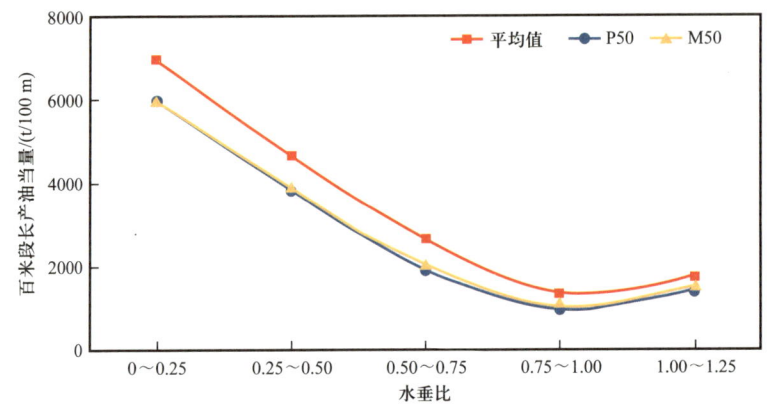

图 7-11　Austin Chalk 致密油气藏不同水垂比范围百米段长产油当量统计曲线

图 7-12 给出了 Austin Chalk 致密油气藏不同水垂比范围单位油当量钻压成本统计曲线，水垂比 0～0.25 的水平井 35 口，平均单位油当量钻压成本 86.3 美元/t、P50 单位油当量钻压成本 68.1 美元/t、M50 单位油当量钻压成本 76.5 美元/t。水垂比 0.25～0.50 的水平井 220 口，平均单位油当量钻压成本 116.3 美元/t、P50 单位油当量钻压成本 85.6 美元/t、M50 单位油当量钻压成本 94.8 美元/t。水垂比 0.50～0.75 的水平井 69 口，平均单位油当量钻压成本 107.4 美元/t、P50 单位油当量钻压成本 81.8 美元/t、M50 单位油当量钻压成本 90.7 美元/t。水垂比 0.75～1.00 的水平井 20 口，平均单位油当量钻压成本 91.6 美元/t、P50 单位油当量钻压成本 70.4 美元/t、M50 单位油当量钻压成本 78.6 美元/t。水

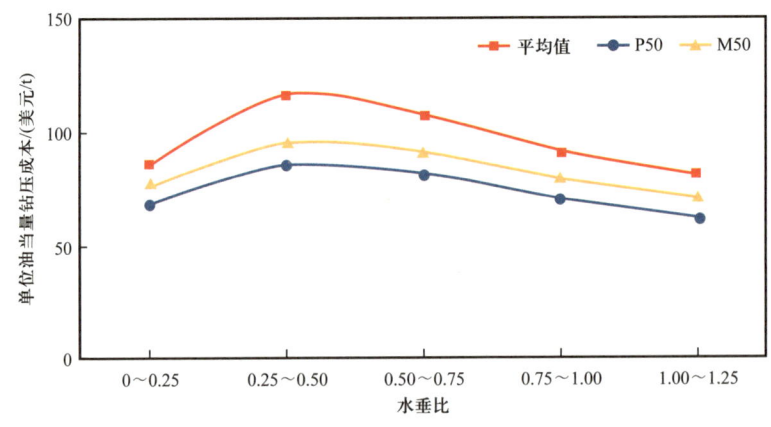

图 7-12　Austin Chalk 致密油气藏不同水垂比范围单位油当量钻压成本统计曲线

垂比 1.00~1.25 的水平井 15 口，平均单位油当量钻压成本 80.4 美元/t、P50 单位油当量钻压成本 62.0 美元/t、M50 单位油当量钻压成本 70.4 美元/t。

Austin Chalk 不同水垂比开发技术指标百米段长产油当量和经济指标单位油当量钻压成本统计曲线显示，随着水垂比增加，技术指标百米段长产油当量呈下降趋势。当水垂比超过 1.00 时，百米段长产油当量有小幅增加趋势。经济指标单位油当量钻压成本呈先上升后下降趋势，水垂比 1.00~1.25 时变现出统计最低的单位油当量钻压成本。综合技术和经济指标统计曲线，水垂比 1.00~1.25 区间水平井目前具备更好的开发效果。综合现有统计分析结果，认为 Austin Chalk 致密油气藏现阶段水平井合理水垂比范围为 1.00~1.25。

7.4 用液强度

用液强度是指单位段长范围内压裂液用量，通常压裂液用量与加砂强度存在强相关性。压裂液用液强度一定程度上反映了水平井分段压裂强度。用液强度同样被视为致密油气水平井分段压裂关键参数之一，可供不同区块或井间对比分析。

图 7-13 为 Austin Chalk 致密油气藏不同用液强度范围百米段长产油当量统计分布图，相对频率统计分布显示用液强度 20~25 m³/m 水平井相对百米段长产油当量相对频率整体靠右侧分布，表现出最好的技术效果。其他区间用液强度百米段长产油当量相对概率分布整体靠左。图 7-14 为 Austin Chalk 致密油气藏不同用液强度范围单位油当量钻压成本统计分布图，用液强度 15~20 m³/m、20~25 m³/m 和 25~30 m³/m 区间统计相对频率分布峰值靠左侧分布，表现出相对较好的经济效益。其他用液强度区间水平井单位油当量钻压成本整体靠右分布，变现为相对较高的单位油当量钻压成本分布。根据技术指标百米段长产油当量和经济指标单位油当量钻压成本相对频率分布初步判断用液强度 20~25 m³/m 区间具备最好的开发效果。

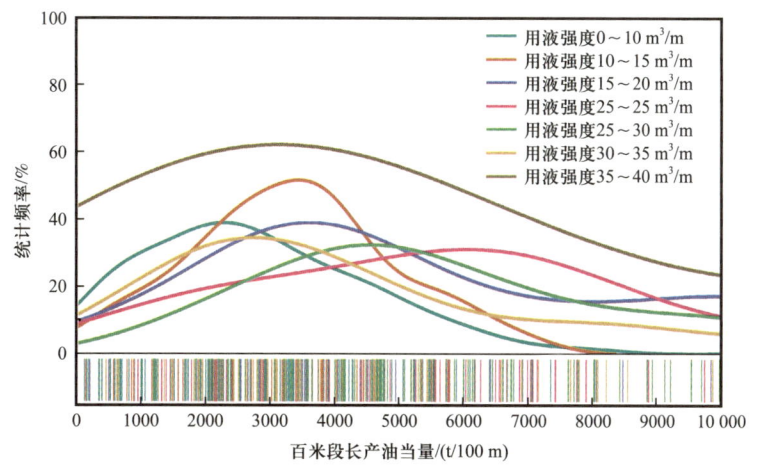

图 7-13 Austin Chalk 致密油气藏不同用液强度范围百米段长产油当量统计分布图

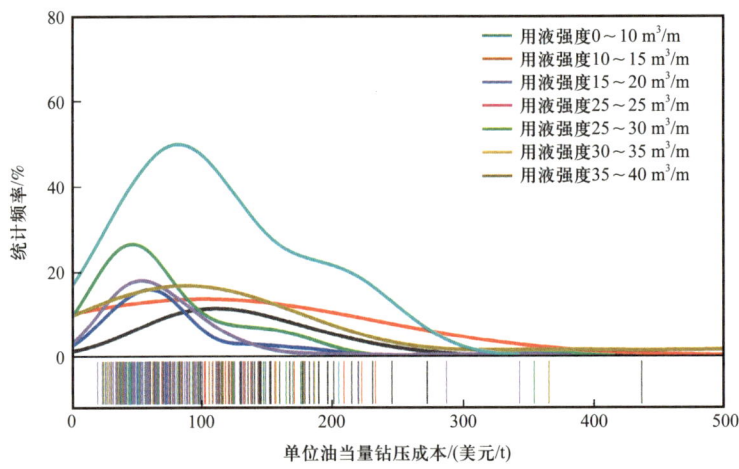

图 7-14　Austin Chalk 致密油气藏不同用液强度范围单位油当量钻压成本统计分布图

图 7-15 给出了 Austin Chalk 致密油气藏不同用液强度范围百米段长产油当量统计曲线，用液强度 0～10 m³/m 的水平井 112 口，平均百米段长产油当量 2852 t/100 m、P50 百米段长产油当量 2536 t/100 m、M50 百米段长产油当量 2661 t/100 m。用液强度 10～15 m³/m 的水平井 50 口，平均百米段长产油当量 3342 t/100 m、P50 百米段长产油当量 3406 t/100 m、M50 百米段长产油当量 3336 t/100 m。用液强度 15～20 m³/m 的水平井 28 口，平均百米段长产油当量 5427 t/100 m、P50 百米段长产油当量 4348 t/100 m、M50 百米段长产油当量 4979 t/100 m。用液强度 20～25 m³/m 的水平井 51 口，平均百米段长产油当量 6532 t/100 m、P50 百米段长产油当量 6180 t/100 m、M50 百米段长产油当量 6018 t/100 m。用液强度 25～30 m³/m 的水平井 86 口，平均百米段长产油当量 6207 t/100 m、P50 百米段长产油当量 5205 t/100 m、M50 百米段长产油当量 5574 t/100 m。用液强度 30～35 m³/m 的水平井 49 口，平均百米段长产油当量 4414 t/100 m、P50 百米段长产油当量 3236 t/100 m、M50 百米段长产油当量 3927 t/100 m。用液强度 35～40 m³/m 的水平井 8 口，平均百米段长产油当量 3637 t/100 m、P50 百米段长产油当量 3072 t/100 m、M50 百米段长产油当量 3307 t/100 m。

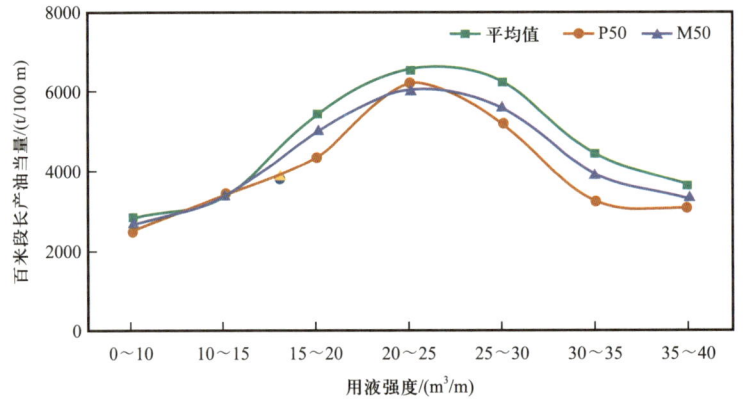

图 7-15　Austin Chalk 致密油气藏不同用液强度范围百米段长产油当量统计曲线

图 7-16 给出了 Austin Chalk 致密油气藏不同用液强度范围单位油当量钻压成本统计曲线，用液强度 0～10 m³/m 的水平井 62 口，平均单位油当量钻压成本 138.4 美元/t、P50 单位油当量钻压成本 118.2 美元/t、M50 单位油当量钻压成本 124.7 美元/t。用液强度 10～15 m³/m 的水平井 37 口，平均单位油当量钻压成本 120.1 美元/t、P50 单位油当量钻压成本 102.3 美元/t、M50 单位油当量钻压成本 99.4 美元/t。用液强度 15～20 m³/m 的水平井 19 口，平均单位油当量钻压成本 92.1 美元/t、P50 单位油当量钻压成本 63.8 美元/t、M50 单位油当量钻压成本 65.8 美元/t。用液强度 20～25 m³/m 的水平井 34 口，平均单位油当量钻压成本 76.7 美元/t、P50 单位油当量钻压成本 48.2 美元/t、M50 单位油当量钻压成本 57.5 美元/t。用液强度 25～30 m³/m 的水平井 67 口，平均单位油当量钻压成本 75.1 美元/t、P50 单位油当量钻压成本 58.7 美元/t、M50 单位油当量钻压成本 62.9 美元/t。用液强度 30～35 m³/m 的水平井 18 口，平均单位油当量钻压成本 120.2 美元/t、P50 单位油当量钻压成本 100.6 美元/t、M50 单位油当量钻压成本 106.0 美元/t。用液强度 35～40 m³/m 的水平井 12 口，平均单位油当量钻压成本 139.0 美元/t、P50 单位油当量钻压成本 113.8 美元/t、M50 单位油当量钻压成本 130.9 美元/t。

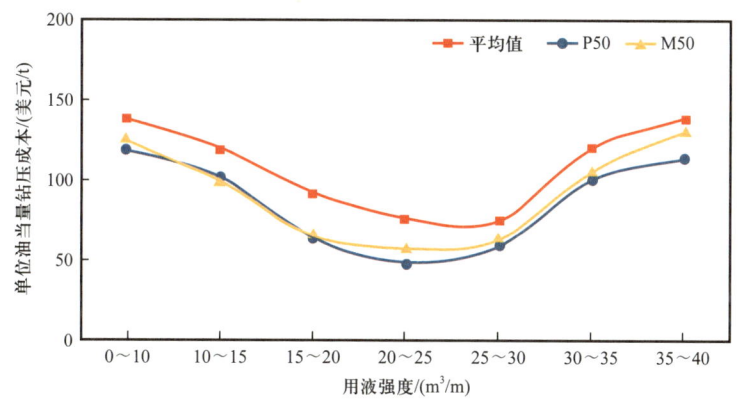

图 7-16 Austin Chalk 致密油气藏不同用液强度范围单位油当量钻压成本统计曲线

Austin Chalk 致密油气藏不同压裂用液强度范围百米段长产油当量和单位油当量钻压成本统计曲线显示，随着用液强度增加，百米段长产油当量呈先增加后下降趋势。峰值百米段长产油当量对应压裂用液强度范围 20～25 m³/m，随着用液强度增加，单位油当量钻压成本呈先下降后上升趋势，用液强度 15～30 m³/m 区间单位油当量钻压成本处于最低水平。综合技术和经济指标统计结果，基于目前统计合理用液强度范围区间为 20～25 m³/m。

7.5 加砂强度

尽管相关性分析显示百米段长产油当量和单位油当量钻压成本与加砂强度不存在强相关性，加砂强度依然是所有油气藏改造的关键参数之一。加砂强度直接反映了压裂规模。图7-17和图7-18分别给出了Austin Chalk致密油气藏不同加砂强度范围对应百米段长产油当量和单位油当量钻压成本统计分布。百米段长产油当量统计分布显示,加砂强度3.0~4.0 t/m区间整体分布均匀靠右侧,表现出最好的开发效果。同时,单位油当量钻压成本分布峰值靠左,同样表现出最好的经济效益。

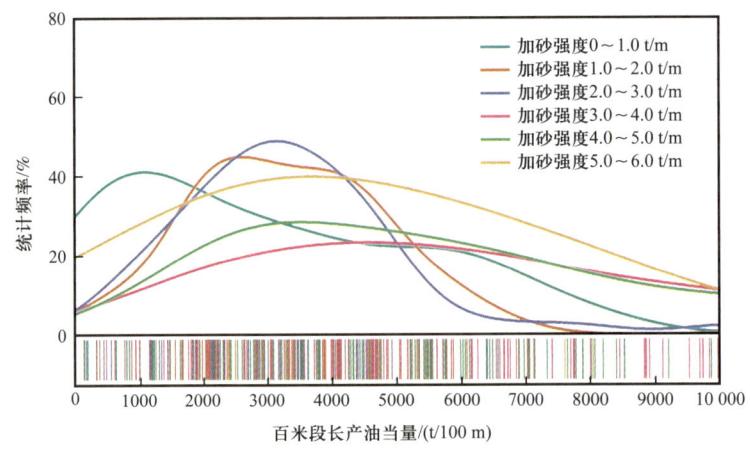

图7-17 Austin Chalk致密油气藏不同加砂强度范围百米段长产油当量统计分布图

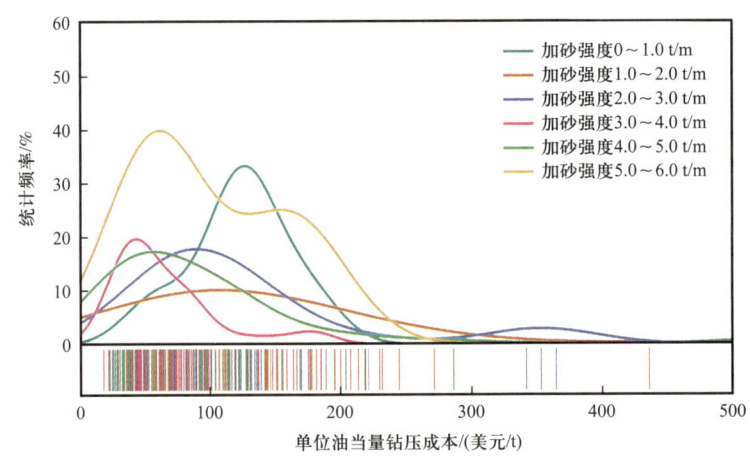

图7-18 Austin Chalk致密油气藏不同加砂强度范围单位油当量钻压成本统计分布图

图7-19给出了Austin Chalk致密油气藏不同加砂强度范围百米段长产油当量统计曲线,加砂强度0~1.0 t/m的水平井34口,平均百米段长产油当量2963 t/100 m、P50百米段长产油当量2377 t/100 m、M50百米段长产油当量2734 t/100 m。加砂强度1.0~2.0 t/m的水平井89口,平均百米段长产油当量3391 t/100 m、P50百米段长产油当量3277 t/100 m、M50百米段长产油当量3301 t/100 m。加砂强度2.0~3.0 t/m的水平井47口,平均百米段长产油当量4351 t/100 m、P50百米段长产油当量3909 t/100 m、M50百米段长产油当量4256 t/100 m。加砂强度3.0~4.0 t/m的水平井103口,平均百米段长产油当量6414 t/100 m、P50百米段长产油当量5638 t/100 m、M50百米段长产油当量5847 t/100 m。加砂强度

4.0~5.0 t/m 的水平井 77 口，平均百米段长产油当量 5942 t/100 m、P50 百米段长产油当量 5298 t/100 m、M50 百米段长产油当量 5336 t/100 m。加砂强度 5.0~6.0 t/m 的水平井 10 口，平均百米段长产油当量 5451 t/100 m、P50 百米段长产油当量 4587 t/100 m、M50 百米段长产油当量 4832。

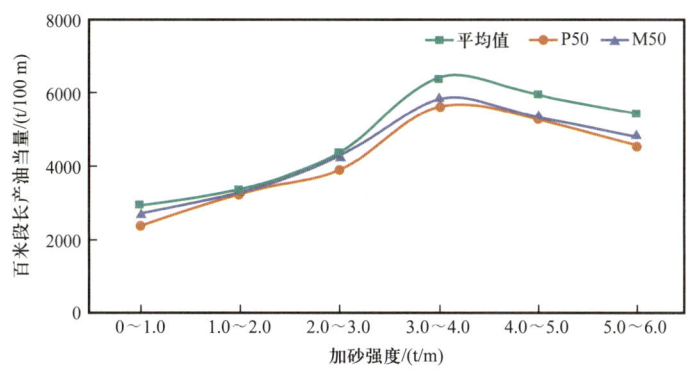

图 7-19　Austin Chalk 致密油气藏不同加砂强度范围百米段长产油当量统计曲线

图 7-20 给出了 Austin Chalk 致密油气藏不同加砂强度范围单位油当量钻压成本统计曲线，加砂强度 0~1.0 t/m 的水平井 6 口，平均单位油当量钻压成本 143.4 美元 /t、P50 单位油当量钻压成本 126.3 美元 /t、M50 单位油当量钻压成本 136.2 美元 /t。加砂强度 1.0~2.0 t/m 的水平井 79 口，平均单位油当量钻压成本 128.6 美元 /t、P50 单位油当量钻压成本 110.8 美元 /t、M50 单位油当量钻压成本 113.2 美元 /t。加砂强度 2.0~3.0 t/m 的水平井 28 口，平均单位油当量钻压成本 116.5 美元 /t、P50 单位油当量钻压成本 95.6 美元 /t、M50 单位油当量钻压成本 102.7 美元 /t。加砂强度 3.0~4.0 t/m 的水平井 76 口，平均单位油当量钻压成本 66.0 美元 /t、P50 单位油当量钻压成本 50.9 美元 /t、M50 单位油当量钻压成本 56.3 美元 /t。加砂强度 4.0~5.0 t/m 的水平井 46 口，平均单位油当量钻压成本 92.6 美元 /t、P50 单位油当量钻压成本 66.6 美元 /t、M50 单位油当量钻压成本 74.1 美元 /t。加砂强度 5.0~6.0 t/m 的水平井 20 口，平均单位油当量钻压成本 101.0 美元 /t、P50 单位油当量钻压成本 85.5 美元 /t、M50 单位油当量钻压成本 92.4 美元 /t。

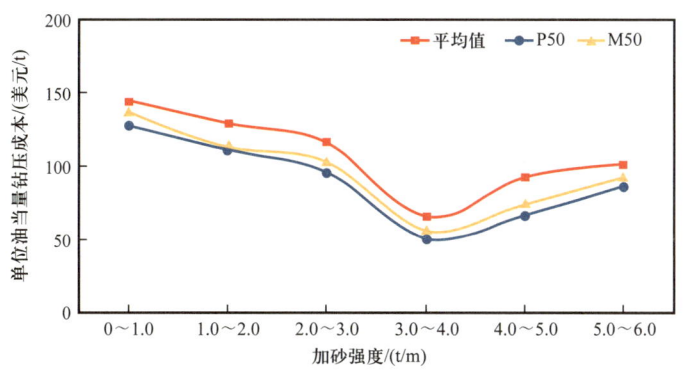

图 7-20　Austin Chalk 致密油气藏不同加砂强度范围单位油当量钻压成本统计曲线

Austin Chalk 致密油气藏不同加砂强度范围百米段长产油当量和单位油当量钻压成本统计曲线显示，随着加砂强度增加，百米段长产油当量呈先增加后下降变化趋势。随着加砂强度增加，单位油当量钻压成本呈现下降后上升趋势。峰值百米段长产油当量和低值单位油当量钻压成本对应加砂强度区间为 3.0～4.0 t/m。

7.6 小结

本章引入百米段长产油当量和单位油当量钻压成本分别作为 Austin Chalk 致密油气藏水平井开发效果评价的技术指标和经济指标，综合技术指标和经济指标定量描述不同开发技术政策条件下的水平井开发效果。通过对垂深、水平段长、水垂比、用液强度和加砂强度统计分析，给出基于现有数据的合理开发技术政策区间。垂深范围为 3000～4000 m 开发效果较好，目前合理水平段长范围为 2500～3000 m、水平井合理水垂比范围为 1.00～1.25、合理用液强度范围区间为 20～25 m^3/m、合理加砂强度区间为 3.0～4.0 t/m。

第8章 展　　望

　　上白垩纪 Austin Chalk 地层横跨得克萨斯州中南部，延伸至路易斯安那州南部。Austin Chalk 地层岩石为一种生物泥晶灰岩，主要由颗石藻类组成，具备双重孔隙度的低孔低渗碳酸盐岩油气储层，发育 5~7 μm 微孔隙和一定程度相互连通的裂缝系统。储层岩石基质孔隙度 3%~10%，通常随着深度增加呈减小趋势。储层渗透率随深度增加呈减小趋势，主要在 0.5 mD 左右，局部为 0.1 mD。储层低孔低渗特征使得油气开采很大程度上依赖于裂缝孔隙度和渗透率。储层含水饱和度 45%~80%，残余油饱和度 10%~50%。

　　Austin Chalk 致密油气藏钻井垂深呈逐年增加趋势，2020 年 P50 钻井垂深达到 3264 m，显示该致密油气藏开发由初期中浅层区域向深层区域拓展。水平段长总体呈逐年增加趋势。2011—2020 年，P50 水平段长分布在 1457~1788 m。钻井测深呈下增后下降趋势，2015 年 P50 钻井测深达到峰值 5206 m，2020 年 P50 钻井测深 4420 m。完钻井水垂比总体保持稳定，P50 水垂比稳定在 0.44~0.59。钻井周期同样呈相对稳定趋势，P50 钻井周期分布在 22~37 d。

　　单井压裂段数总体呈逐年增加趋势，目前单井压裂段数主体分布在 15~25 段。单井压裂液量总体呈显著逐年增加趋势，目前单井压裂液量主体分布在 10 000~40 000 m³ 区间。单井支撑剂量总体呈逐年增加趋势，目前单井压裂支撑剂量主体分布在 2000~6000 t。水平井压裂平均段间距样本数据相对较少，P50 单井压裂平均段间距 76.5 m。水平井压裂用液强度和加砂强度呈逐年增加趋势，用液强度主体分布在 20~40 m³/m，加砂强度主体分布在 3.0~5.0 t/m，砂液比主体分布在 0.1~0.2 t/m³。

　　单井最终可采油当量总体呈相对稳定变化趋势，2011 年以前投产井 P50 单井最终可采油当量 26 410 t。除 2011 年外，其余年份的 P50 单井最终可采油当量均超过 20 000 t。峰值 P50 单井最终可采油当量出现在 2015 年，达到 30 327 t。2020 年 P50 单井最终可采油当量为 28 670 t。油气藏整体开发以产油为主，中深层水平井开发效果整体优于浅层和深层水平井。

　　水平井 M50 单井钻井成本 209 万美元，主体分布在（100~300）万美元，M50 单位进尺钻井成本 425 美元/m，主体分布在 800 美元/m 以内。M50 单井固井成本 31 万美元，主体分布在（20~40）万美元，M50 单位进尺固井成本 61 美元/m，主体分布在 40~80 美元/m。M50 单井压裂水成本 56 万美元，主体分布在（20~80）万美元，M50 单位压裂液量水成本 20 美元/m³，主体分布在 15~20 美元/m³。M50 单井压裂支撑剂成本 66 万美元，主体分布在 100 万美元以内，M50 单位支撑剂成本 161 美元/t，主体分布在 50～100 美元 /t。M50 单井压裂泵送成本 108 万美元，主体分布在（20～80）万美元，M50 单位压裂液量泵送成本 33 美元 /m³，主体分布在 0～50 美元 /m³。M50 单井压裂其他成本 30 万美元，主体分布在 50 万美元以内，M50 单位压裂液量其他成本 11 美元 /m³，主体分布在 20 美元 /m³ 以内。

引入百米段长产油当量和单位油当量钻压成本分别作为水平井开发效果评价的技术指标和经济指标，综合技术指标和经济指标定量描述不同开发技术政策条件下的水平井开发效果。通过对垂深、水平段长、水垂比、用液强度和加砂强度统计分析，给出基于现有数据的合理开发技术政策区间。垂深范围为 3000～4000 m 开发效果较好，目前合理水平段长范围为 2500～3000 m、水平井合理水垂比范围为 1.00～1.25、合理用液强度范围区间为 20～25 m³/m、合理加砂强度区间为 3.0～4.0 t/m。

参 考 文 献

[1] Clark W J, 1995. Depositional environments, diagenesis, and porosity of Upper Cretaceous volcanic-rich Tokio sandstone reservoirs, Haynesville field, Claiborne Parish Louisiana : Transactions—Gulf Coast Association of Geological Societies, v. 45, p. 127–134.

[2] Dawson W C, 2000. Shale microfacies : Eagle Ford Group (Cenomanian-Turonian) north-central Texas outcrops and subsurface equivalents : Transactions—Gulf Coast Association of Geological Societies, v. L, p. 607–622.

[3] Dawson W C, Katz, Barry, 1995. Austin Chalk (!) petroleum system Upper Cretaceous, southeastern Texas : a case study : Transactions—Gulf Coast Association of Geological Societies, v. 45, p. 157–163.

[4] Dawson W C, Reaser D F, 1990. Trace fossils and paleoenvironments of lower and middle Austin Chalk (Upper Cretaceous), north-central Texas : Transactions—Gulf Coast Association of Geological Societies, v. 40, p. 161–173.

[5] Dravis J J, 1979. Sedimentology and diagenesis of Upper Cretaceous Austin Chalk Formation, south Texas and northern Mexico : Houston, Texas, Rice University, PhD dissertation, p. 513.

[6] Ewing T E, Lopez R F, 1991. Principal structural features, in Salvador, Amos, ed., The Gulf of Mexico Basin : The Geological Society of America, The Geology of North America, v. J, plate 2.

[7] Folk R L, 1959. Practical petrographic classification of limestones : American Association of Petroleum Geologists Bulletin, v. 43, p. 1–38.

[8] Grabowski G J, Jr, 1981. Source-rock potential of the Austin Chalk, Upper Cretaceous, southeastern Texas : Transactions—Gulf Coast Association of Geological Societies, v. 31, p. 105–113.

[9] Haymond, Doug, 1991. The Austin Chalk ; an overview : The Bulletin of the Houston Geological Society, v. 33, no. 8, p. 27–31.

[10] Hood K C, Wenger L M, Gross O P, Harrison S C, 2002. Hydrocarbon systems analysis of the northern Gulf of Mexico : Delineation of hydrocarbon migration pathways using seeps and seismic imaging, in Schumacher, Dietmar, and LeSchack, L.A., eds., Surface exploration case histories : applications of geochemistry, magnetic, and remote sensing : American Association of Petroleum Geologists Studies in Geology No. 48 and Society of Exploration Geophysicists Geophysical Reference Series No. 11, p. 25–40.

[11] Hovorka S D, Nance H S, 1994. Dynamic depositional and early diagenetic processes in a deep-water shelf setting, Upper Cretaceous Austin Chalk, north Texas : Transactions—Gulf Coast Association of Geological Societies, v. 44, p. 269–276.

[12] IHS Energy Group, 2009. PI/Dwights PLUS U.S. production data : Englewood, Colo., IHS Energy Group ; database available from IHS Energy Group, 15 Inverness Way East, D205, Englewood, CO 80112, U.S.A.

[13] IHS Energy Group, 2009. PI/Dwights PLUS U.S. well data : Englewood, Colo., IHS Energy Group ;

database available from IHS Energy Group, 15 Inverness Way East, D205, Englewood, CO 80112, U.S.A.

[14] King P B, Beikman H M, 1974. Explanatory text to accompany the geologic map of the United States: U.S. Geological Survey Professional Paper 901, p. 40.

[15] King P B, Beikman H M, 1974. Geologic map of the United States (exclusive of Alaska and Hawaii) on a scale of 1:2 500 000: U.S. Geological Survey, 3 color plates.

[16] Liu K Y, 2005. Facies changes of the Eutaw Formation (Coniacian-Santonian), onshore to offshore, northeastern Gulf of Mexico area: Transactions—Gulf Coast Association of Geological Societies, v. 55, p. 431-441.

[17] Mancini E A, Parcell W C, Puckett T M, 2003. Upper Jurassic (Oxfordian) Smackover carbonate petroleum system characterization and modeling, Mississippi interior salt basin area, northeastern Gulf of Mexico, USA: Carbonates and Evaporites, v. 18, no. 2, p. 125-150.

[18] Mancini E A, Goddard D A, Barnaby, 2006. Resource assessment of the in-place and potentially recoverable deep natural gas resource of the onshore interior salt basins, north central and northeastern Gulf of Mexico: U.S. Department of Energy Final Technical Report, Project Number DE-FC26-03NT41875, p. 173.

[19] Mancini E A, Goddard D A, Obid J A, 2006. Characterization of Jurassic and Cretaceous facies and petroleum reservoirs in the interior salt basins, central and eastern Gulf coastal plain, in The Gulf Coast Mesozoic Sandstone Gas Province Symposium Volume: East Texas Geological Society 2006 Symposium, Tyler, Texas, p. 11-1-11-27.

[20] Martin R G, 1980. Distribution of salt structures, Gulf of Mexico: U.S. Geological Survey Miscellaneous Field Studies, Map MF-1213, scale 1:2 500 000.

[21] NRG Associates, 2007. The significant oil and gas fields of the United States: Colorado Springs, Colo., NRG Associates, Inc.; database available from NRG Associates, Inc., P.O. Box 1955, Colorado Springs, CO 80901, U.S.A.

[22] Pearson, Krystal, Dubiel R F, 2011. Assessment of undiscovered oil and gas resources of the Upper Cretaceous Austin Chalk and Tokio and Eutaw Formations, Gulf Coast, 2010: U.S. Geological Survey Fact Sheet 2011-3046, p. 2.

[23] Robison C R, 1997. Hydrocarbon source rock variability within the Austin Chalk and Eagle Ford Shale (Upper Cretaceous), East Texas, U.S.A.: International Journal of Coal Geology, v. 34, p. 287-305.

[24] Salvador, Amos, 1991. Cross sections of the Gulf of Mexico Basin, in Salvador, Amos, ed., The Gulf of Mexico Basin: The Geology of North America, v. J, plate 6, horizontal scale 1:2 500 000.

[25] Salvador A, Quezada Muñeton J M, 1991. Stratigraphic correlation chart, Gulf of Mexico Basin, in Salvador, Amos, ed., The Gulf of Mexico Basin: The Geology of North America, v. J, plate 5.

[26] Sassen, Roger, 1990. Geochemistry of carbonate source rocks and crude oils in Jurassic salt basins of the Gulf Coast, in Brooks, Jim, ed., Classic petroleum provinces: London, Geological Society

Special Publication, v. 50, p. 265-277.

[27] Schmoker J W, 1999. U.S. Geological Survey assessment model for continuous (unconventional) oil and gas accumulations—The 'FORSPAN' model: U.S. Geological Survey Bulletin 2168, p. 9.

[28] Scholle P A, 1977. Chalk diagenesis and its relation to petroleum exploration: oil from chalks, a modern miracle: American Association of Petroleum Geologists Bulletin, v. 61, p. 982-1009.

[29] Schruben P G, Arndt R E, Bawiec W J, 1998. Geology of the conterminous United States at 1∶2 500 000 scale—A digital representation of the 1974 P.B. King and H.M. Beikman map: U.S. Geological Survey Digital Data Series DDS-11, release 2.

[30] Snyder R H, Craft Milton, 1977. Evaluation of Austin and Buda Formations from core and fracture analysis: Transactions—Gulf Coast Association of Geological Societies, v. 27, p. 376-385.

[31] Sweeney J J, Burnham A K, 1990. Evaluation of a simple model of vitrinite reflectance based on chemical kinetics: American Association of Petroleum Geologists Bulletin, v. 74, p. 1559-1570.

[32] Swift Energy Company, 2000. Annual report: Swift Energy Company Website, available at www.swiftenergy.com.

[33] Vail P R, Mitchum R M, Jr, 1977. Seismic stratigraphy and global changes of sea level, part 4: Global cycles of relative changes of sea level, in Payton, C.E., ed., Seismic stratigraphy—Applications to hydrocarbon exploration: Tulsa, Okla., American Association of Petroleum Geologists Memoir, v. 26, p. 83-97.

[34] Wescott W A, Hood W C, 1994. Hydrocarbon generation and migration routes in the East Texas Basin: American Association of Petroleum Geologists Bulletin, v. 78, p. 287-307.

[35] Wiltschko D V, Corbett K P, Friedman Mel, 1991. Predicting fracture connectivity and intensity within the Austin Chalk from outcrop fracture maps and scanline data: Transactions—Gulf Coast Association of Geological Societies, v. 4, p. 702-718.

[36] Wooten J W, Dunaway W E, 1977. Lower Cretaceous carbonates of central south Texas: a shelf-margin study, in Bebout, D.G., and Loucks, R.G., eds., Cretaceous carbonates of Texas and Mexico, applications to subsurface exploration: University of Texas Bureau of Economic Geology Report of Investigations no. 89, p. 71-78.

[37] Wygrala B P, 1989. Integrated study of an oil field in the southern Po Basin, northern Italy: Berichte der Kernforschungsanlage Julich, no. 2313, ISSN 0366-0885, p. 217.

[38] Zimmerman R K, 1997. General aspects of probable fracture genesis in the Austin Chalk of Louisiana's Florida Parishes: Basin Research Institute Bulletin, v. 7, p. 25-39.

[39] Tang H W, Yan B C, Chai Z, 2019. Analyzing the Well-Interference Phenomenon in the Eagle Ford Shale/Austin Chalk Production System With a Comprehensive Compositional Reservoir Model. SPE Res Eval & Eng, 22: 827-841. doi: https://doi.org/10.2118/191381-PA.